家庭防震避险

100 问

中国地震局　指导

中国灾害防御协会　组编

地震出版社

图书在版编目（CIP）数据

家庭防震避险 100 问 / 中国灾害防御协会组编 . -- 北京：
地震出版社 , 2022.3（2024.11重印）
ISBN 978-7-5028-5431-7

Ⅰ . ①家… Ⅱ . ①中… Ⅲ . ①防震减灾—问题解答
Ⅳ . ① P315.94-44

中国版本图书馆 CIP 数据核字 (2022) 第 024952 号

地震版　XM5907/P（6247）

家庭防震避险 100 问

中国地震局　指导
中国灾害防御协会　组编
责任编辑：王亚明
责任校对：凌　樱

出版发行：**地震出版社**
　　　　　北京市海淀区民族大学南路 9 号　　　　邮编：100081
　　　　　发行部：68423031　　　　　　　　　　传真：68467991
　　　　　总编办：68462709　　68423029
　　　　　http : //seismologicalpress.com
　　　　　E-mail : dz_press@163.com
经销：全国各地新华书店
印刷：河北文盛印刷有限公司

版（印）次：2022 年 3 月第一版　　2024 年11月第12次印刷
开本：710×1000　1/16
字数：102 千字
印张：8
书号：ISBN 978-7-5028-5431-7
定价：15.00 元

前　言

人类脚下的大地是一个动荡的球体，大地既有水平方向的运动，又有垂直方向的运动，只是人们平时不易察觉罢了。地壳运动不断积蓄力量，瞬间爆发就形成了地震。地震可破坏人工建筑和地表形态，造成灾难性的后果。地震之所以位列"自然灾害之首"，是因为大地震会引发泥石流、滑坡、崩塌、洪水、海啸、瘟疫等次生灾害，造成的人员伤亡最为惨重。地震是释放能量最大、瞬间破坏最严重的自然灾害，全球每年平均发生造成损失的地震约1000次，其中7级以上的地震20次左右，8级以上地震1～2次。

我国大陆受太平洋板块俯冲和印度洋板块挤压作用的影响，频繁发生了一系列的内陆型强烈地震，造成了重大的灾害损失。我国有1/3以上的国土、近1/2的城市、近2/3百万以上人口的特大城市位于Ⅶ度以上的地震高烈度区。据统计，我国大陆每年平均发生20次5级以上、3.8次6级以上及0.6次7级以上地震。这就意味着，我国每年都可能遭受4次以上强烈地震的袭击。

目前，人类对地震发生的认识还不够深入，地震准确预报还没有过关，但对直接伤人的工程建筑的抗震设防、地震发生时的紧急预警与避险、灾后应急与恢复、次生灾害防范等方面的综合减灾措施以及科技进步还是十分显著的。工程建筑结构主体破坏或倒塌通常是人员伤亡的主要原因，非结构破坏导致的人员受伤约占到一半，也就是有关权威专家定义的"地震灾害本质上是土木工程灾害"，比如倒塌的烟囱，落下的砖头、水泥块以及照明设备等。其中的大多数情况，应该是能避免的。

全球各地不同类型的地震所引发的不同灾害后果提醒我们，对于应对和减轻地震灾害来说，有准备和无准备大不一样，有意识和无意识大不一样，懂应急避险知识和毫无常识大不一样。从现在就开始着手准备是非常重要的。这样一来，你才会知道灾难是如何发生的，发生时你能做什么，该如何应对，采取什么样的自我保护措施。

我们编写的《家庭防震避险100问》一书，根据普通民众在日常生活中经常思考或提出的问题，以简单明了的提问、科学通俗的回答、生动有趣的文字，讲解了100个与家庭防震避险密切相关的问题，既告诉民众"怎么办"，又讲清楚"是什么"和"为什么"，具有很强的针对性、实用性和可操作性。

希望本书能够帮助你提高防灾意识和应对能力，平时做好防御措施，灾时采取正确果断的应对措施，用科学的逃生与自救互救技能，保护自己和家庭成员的人身安全。让"地震的发生仅是一种常见的自然现象，而不成为灾难"是我们共同努力的目标。

目录

一 如何正确认识地震预报

001. 为什么说地震是一种常见的自然现象？ ·············· 2

002. 构造地震的成因是什么？ ·············· 3

003. 什么是地震预报？ ·············· 4

004. 地震预测预报研究的基本方法有哪些？ ·············· 5

005. 常用的地震前兆有哪些？ ·············· 6

006. 为什么一定要重视小震活动？ ·············· 7

007. 如何正确认识地震预报的水平和现状？ ·············· 8

008. 为什么一定不能随便发布地震预报信息？ ·············· 9

009. 如何正确识别和科学对待地震谣传？ ·············· 10

010. 什么是地震预警？ ·············· 12

011. 为什么会修正地震速报信息？ ·············· 13

012. 为什么中国大陆强震频繁发生？ ·············· 14

二 如何认识地震灾害

013. 地震灾害有哪些突出的特点？ ·············· 18

014. 为什么说地震灾害具有瞬间突发性的特点？ ·············· 19

015. 地震会产生什么样的影响？ ·············· 20

016. 中国地震灾害特别严重的主要原因是什么？ ·············· 21

017. 地震中人员伤亡的主要原因是什么？ ·············· 22

018. 地震对建筑物有什么影响？ ·············· 24

019. 地震对建筑物的破坏有哪些形式？ ………… 24

020. 在遭遇破坏性地震时，到底哪层楼最安全？ ……… 25

021. 为什么说地震次生灾害是极为严重的？ ………… 26

022. 为什么说城市地震灾害容易造成严重的社会问题？ …28

023. 为什么说地震恐慌也会带来损失？ ………… 29

024. 地震灾害和应急响应分级方面有哪些规定？ ……… 30

三 如何识别地震灾害风险

025. 地震中影响房屋受损程度的主要因素有哪些？ …… 34

026. 为什么说抗震设防是减轻地震灾害损失的根本
     途径？ ………… 35

027. 什么是"三水准"的抗震设防目标？ ………… 36

028. 如何科学合理地确定抗震设防要求？ ………… 37

029. 为什么要进行地震安全性评价？ ………… 37

030. 探测活断层有何意义？ ………… 38

031. 降低地震风险最有效的途径是什么？ ………… 39

032. 为什么说仅仅出台建筑物抗震设计规范是不
     够的？ ………… 40

033. 什么是"把地下搞清楚，把地上搞结实"？ ……… 41

034. 如何提高农村建筑的抗震能力？ ………… 42

035. 为什么不能把房子盖在断层上？ ………… 43

036. 建房选址要避开哪些不利场地？ ………… 45

037. 居民在装修房屋时如何重视地震安全？ ………… 46

（四）如何做好震前应急准备

038．为什么要了解自然灾害的综合风险评估？ ⋯⋯⋯⋯50

039．如何认识强化社区防震减灾功能的重要性？ ⋯⋯⋯51

040．如何理解科学技术的减灾效果？ ⋯⋯⋯⋯⋯⋯⋯⋯52

041．居民如何制订家庭防震减灾计划？ ⋯⋯⋯⋯⋯⋯⋯53

042．如何做好家庭地震安全隐患排查？ ⋯⋯⋯⋯⋯⋯⋯55

043．家庭应准备哪些急救用品？ ⋯⋯⋯⋯⋯⋯⋯⋯⋯⋯55

044．如何教会孩子做好地震灾害应对准备？ ⋯⋯⋯⋯⋯56

045．为什么要重视地震应急和逃生技能的学习训练？ ⋯57

046．如何进行家庭防震演习？ ⋯⋯⋯⋯⋯⋯⋯⋯⋯⋯⋯58

047．政府部门在震前应做哪些准备？ ⋯⋯⋯⋯⋯⋯⋯⋯59

（五）如何应急避险

048．为什么地震发生时一定不能跳楼逃生？ ⋯⋯⋯⋯⋯62

049．在家里怎样应急避险？ ⋯⋯⋯⋯⋯⋯⋯⋯⋯⋯⋯⋯62

050．在校学生怎样应急避险？ ⋯⋯⋯⋯⋯⋯⋯⋯⋯⋯⋯63

051．发生地震时正在户外该怎么办？ ⋯⋯⋯⋯⋯⋯⋯⋯65

052．成年人如何帮助孩子在地震中采取正确的行动？ ⋯65

053．地震时正在影剧院等公共场所该怎么办？ ⋯⋯⋯⋯66

054．发生大地震时正在车上怎么办？ ⋯⋯⋯⋯⋯⋯⋯⋯67

055．地震时遇到特殊危险怎么办？ ⋯⋯⋯⋯⋯⋯⋯⋯⋯68

056．地震时如果被埋压在废墟下怎么办？ ⋯⋯⋯⋯⋯⋯69

057．地震时被困在废墟中为什么不能乱喊乱叫？ ⋯⋯⋯70

058. 在地震中如何用简易器械进行自救互救？ ………… 71

059. 地震后如何避免身体脱水？ ……………………… 71

060. 为什么说自救互救在防震减灾中非常重要？ ……… 73

061. 破坏性地震发生后如何进行科学的互救？ ………… 74

062. 震后怎样救人才有效？ ………………………… 75

063. 如何科学地救助地震中被埋压的人员？ …………… 76

064. 地震停止后该做些什么？ ……………………… 77

065. 如何进行震后安全隐患检查？ …………………… 78

六 如何防范地震次生灾害

066. 地震次生火灾有什么特点？ …………………… 82

067. 为什么地震后容易发生火灾？ …………………… 83

068. 震后引发火灾的常见原因有哪些？ ……………… 84

069. 为什么地震次生火灾容易造成严重的损失？ ……… 86

070. 为什么说地震次生火灾具有复杂性？ …………… 87

071. 旧城区的老旧房屋为何容易成为地震次生火灾
     的重灾区？ ……………………………………… 88

072. 商场、娱乐场所为何容易成为地震次生灾害的
     重灾区？ ………………………………………… 89

073. 如何理解加强消防规划可减少地震次生火灾的
     发生？ …………………………………………… 90

074. 怎样提高生命线工程预防地震次生火灾的能力？ … 91

075. 如何保证地震区消防水源在关键时刻发挥作用？ … 93

076. 高层楼房居民如何在地震次生火灾中顺利逃生？…94

077. 震后被疏散安置的居民应该怎样防火？ ……95

078. 如何扑救地震次生火灾更有效？ ……95

079. 为什么要制定行之有效的地震次生火灾应对
　　　预案？ ……96

080. 如何带领孩子做好应对地震次生火灾的准备
　　　工作？ ……97

081. 家庭如何选择和配备灭火器？ ……98

082. 地震为什么能引起滑坡？ ……99

083. 怎样判定滑坡是否即将发生？ ……100

084. 防治滑坡应采取哪些措施？ ……102

085. 如何主动治理滑坡？ ……103

086. 地震为什么会引发泥石流？ ……104

087. 如何防范泥石流？ ……104

088. 滑坡和泥石流与地震强度有什么关系？ ……106

089. 如何认识地震海啸？ ……106

090. 如何判断海啸即将发生？ ……107

091. 如何预防和应对海啸？ ……107

七 如何预防震后常见传染病

092. 为什么地震后容易流行传染病？ ……110

093. 地震后要预防哪些疾病？ ……111

094. 地震后如何预防传染病？ ……111

095. 震后为何要注意消灭和防范蚊蝇? ·················112

096. 震后如何预防肠道传染病? ·················113

097. 如何储存和使用地震应急食物? ·················113

098. 震后如何注意饮食的安全? ·················114

099. 震后如何预防人畜共患病和自然疫源性疾病? ·····115

100. 震后的恶劣生活条件下如何尽量保持个人卫生? ···116

一 如何正确认识地震预报

001. 为什么说地震是一种常见的自然现象?

地壳无时不在运动,但一般而言,地壳运动速度缓慢,不易被人们感觉到。在特殊情况下,地壳运动可表现得快速而激烈,形成人们常说的地震。

地球上每年大约发生500多万次地震,也就是说,每天都要发生上万次地震。不过,它们之中的绝大多数或震级太小,或发生在海洋中,或离我们太远,我们感觉不到。地震和风、雨、雷、电一样,是地球上经常发生的一种自然现象。

对人类造成严重破坏的地震,即七级以上地震,全世界平均每年有一二十次;像汶川那样的八级特大地震,平均每年一两次。大地震常常引发山崩、地陷、海啸、泥石流、滑坡、洪水、瘟疫等次生灾害。

很多地震,在相当广阔的区域内人们可以同时感觉到,但最强烈的地震动只限于某一较小的范围内,并且离这个范围越远,地震动会变得越弱,在很远的地方就感觉不到了。这是因为在地震动最强烈处的地下,发生了急剧的变动,由它产生的地震动以波动形式向四面八方传播开来。这种波动称为地震波。地震即大地震动,是能量从地球内部某一有限区域内突然释放出来引发急剧变动,而产生的地震波现象。

根据引起地壳震动的原因不同,我们可以把地震分为构造地震、火山地震、陷落地震和诱发地震等。目前世界上发生的地震,90%以上属于构造地震。

002. 构造地震的成因是什么？

人类在认识地震这种现象的历史过程中，伴随着丰富的想象，曾产生种种神话与传说。

大约在 12 世纪，日本古书上有所谓"地震虫"的描述。1710 年，日本有书谈及鲶鱼与地震的关系时，认为大鲶鱼卧伏在地底下，背负着日本的国土，当鲶鱼发怒时，就将尾鳍和背鳍动一动，于是造成了地震。

我国古代对地震这一特殊灾害，也有专门描述。民间流传着这样一个传说：地底下有一条大鳌鱼，驮着大地，时间久了就要翻一翻身，于是大地就抖动起来，鳌鱼翻身就是地震了。

随着科学的发展，人们对地震的认识也逐渐摆脱了神话色彩。

20 世纪伊始，科学家们开始深入研究地震波，从而为地震科学乃至整个地球科学掀开了新的一页。

现今被广为接受的地震发生的原理，是在对 1906 年美国旧金山地震进行研究的过程中确立的。从那时起，"弹性回跳"成为断层破裂和错动引发地震的证据。

这种理论认为，地震波是由于断层面两侧岩石发生整体的弹性回跳而产生的，来源于断层面。发生地震的根本原因是应力的释放。就像我们双手掰弯一根小木棍，当达到一定的力时，木棍承受不了这个力量就会断裂。地震的发生也是类似的道理。岩层受力发生弹性变形，力量超过岩石弹性强度，发生断裂，接着断层两盘岩石整体弹跳回去，恢复到原来的状态，于是地震就发生了。

大地震的发生与断层弹性回跳密切相关，但断层弹性回跳不是造成地震的唯一原因。地壳断层引起的扩张、收缩、上升、下降和横向剪切滑动等运动，都可能产生地震。

003. 什么是地震预报？

地震预报是指政府根据地震部门的预报意见，依法向社会公告可能发生地震的时域、地域、震级范围等信息的行为。地震预报分长期、中期、短期和临震预报。

地震长期预报是指对未来10年内可能发生破坏性地震的地域的预报；

地震中期预报是指对未来一两年内可能发生破坏性地震的地域和强度的预报；

地震短期预报是指对3个月内将要发生地震的时间、地点、震级的预报；

临震预报是指对10日内将要发生地震的时间、地点、震级的预报。

全国范围内的地震长期和中期预报意见，由国务院发布。省、自治区、直辖市行政区域内的地震长期预报、地震中期预报、地震短期预报和临震预报，由省、自治区、直辖市人民政府发布。已经发布地震短期预报的地区，如果发现明显临震异常，在紧急情况下，当地市（地、州、盟）、县（区、旗）人民政府可以发布48小时之内的临震预报，并同时向省、自治区、直辖市人民政府及其负责管理地震工作的机构和国务院地震工作主管部门报告。

004. 地震预测预报研究的基本方法有哪些？

地震是一种自然现象，有其发生的规律，掌握其规律就能够预报。但是目前对地震发生的具体过程和影响这个过程的种种因素还了解得不够清楚，这就给地震预报造成了很大的困难。

目前研究地震预报的方法，主要有三个：地震地质方法、地震统计方法和地震前兆方法。这三种方法并不是彼此独立、不相关的，而是互有联系的，并且如果能够将三种方法配合使用，效果会更好些。

地震地质方法。应力积累是大地构造活动的结果，所以地震的发生必然和一定的地质环境有联系。

预报地震包括预报它发生的时间、地点和强度。地震地质方法是宏观地估计地点和强度的一个途径，可用以大面积地划分未来发生地震的危险地带。

一般认为，大地震常发生在现代构造差异运动最强烈的地区或活动的大断裂附近；受构造活动影响的体积和岩层的强度越大，则可能产生的地震越大；构造运动的速度越快，岩石的强度越弱，则积累最大限度的能量所需的时间越短，发生地震的频度也就越高。

由于地质的时间尺度太大，所以，关于时间的预报，地震地质方法必须和其他方法配合使用。

地震统计方法。由于对与地震成因有关的其他因素了解太少，因此预报地震有时就归结为计算地震发生的概率的问题。这种方法需要对大量地震资料作统计，研究的区域往往过大，所以判定地震的地点有困难，而且外推常常不准确。

地震统计方法的可靠程度取决于资料的多少。因而在资料太少的时候，它的意义并不大。

地震前兆方法。地震不是孤立发生的，它只是整个构造活动过程中的一个瞬间。在这个时间之前，还会发生其他的事件。如果能够确认地震前所发生的任何事件，就可以将它作为前兆来预报地震。

所有的地震预报方法，最后总是要归结为求得地震发生的某种前兆。只有利用前兆，才能对地震发生的时间、地点和强度给出比较肯定的预报。所以，寻找地震前兆是地震预测预报的核心问题，也是最大的难题。

以上三种方法都有其局限性，都不能独立地解决地震预测预报的问题。三者必须相互结合、相互补充，采取综合预测方法，才可能取得较好的预测效果。

005. 常用的地震前兆有哪些?

地震前兆指地震发生前出现的异常现象。岩体在地应力作用下，在应力应变逐渐积累、加强的过程中，可能会引起震源及附近物质发生一些改变，如出现地磁、地电、重力等物理量异常，地下水位、水化学量异常和动物的行为异常等。地震前兆异常，包括地震微观异常和地震宏观异常两大类。

地震微观异常，是需要地震前兆观测仪器才能记录到的现象，主要包括：地震活动异常、地形变异常、地球物理变化、地下流体的变化等。

地震宏观异常，是人的感官能直接觉察到的异常现象，其表现形式多样且复杂。常见的有：地声、地光、喷沙、喷气、冒水、地气味、地气雾，地下水异常、井孔变形，动物行为异常等。

这些异常变化都是很复杂的，往往并不一定是由地震引起的。例如，地下水位的升降就与降雨、干旱、人为抽水和灌溉有关，动物异常往往与天气变化、饲养条件的改变、生存条件的变化以及动物本身的生理状态变化等有关。因此，必须在首先识别出这些变化原因的基础上，再来考虑是否与地震有关。

006. 为什么一定要重视小震活动？

地震大小通常用震级来衡量，地震愈大，震级数字愈大。

通常人们把 5 级以下、3 级以上的地震称为小震。虽然小震一般不会造成房屋倒塌和人员伤亡，但是，我们绝不能因此忽视小震活动，因为它很可能是破坏性大震的前兆。

在我国的地震史料中，有不少震例记有前震活动。比如，1512 年八月云南腾冲发生 6 级地震，此前小震就很多："五月云南地连震十三日，八月云南地大震"。

根据大震前有一系列小震的现象，可探索利用前震预报大震。比如，1975 年 2 月 4 日 19 点 36 分，在辽宁省海城发生 7.3 级强烈地震。大震前出现了系列小震频发现象：从 1975 年 2 月 3 日 18 时 38 分到 2 月 4 日 17 时 39 分，海城共发生地震 33 次，其中 2 级到 2.9 级地震 9 次，3 级到 3.9 级地震 8 次，4 级到 4.9 级地震 2 次。因此，地震部门根据此情况并结合其他异常现象做出了准确预测，震前政府发布公告，动员和组织民众撤离室内，极大地减少了人员伤亡。

必须指出的是，小震活动不断，但随后没有大震发生的现象也很多。每年全世界范围内发生 4 ～ 5 级地震的平均次数多达万次。如果把这些小震都当作大地震的前震去预报，将会导致很多的误报和恐慌。另外，小震活动不明显，发生大震的例子也常出现。据研究，只有10%～20%的大地震有前震，超过80%的大震是没有前震的。仅仅依靠前震来做地震预报不是十分可靠。因此，不能忽视小震活动，但是也不能仅仅将小震活动作为前兆来预报地震。

007. 如何正确认识地震预报的水平和 现状？

地震预报研究，在世界范围内是从20世纪五六十年代才开始的。我国自1966年邢台地震以来，广泛开展了地震预报的研究。经过几十年的努力，取得了一定进展，曾经不同程度地预报过一些破坏性地震。

例如，1975年，我国成功预报了2月4日发生于辽宁海城的7.3级强烈地震，并在震前果断地采取了预防措施，使这次地震的伤亡和损失大大减小。像海城地震预报这样的成功案例，在全球仅是一个孤例。

但是，地震预报是世界公认的科学难题，在国内外都处于探索阶段。目前，有关方法所观测到的各种可能与地震有关的现象，都呈现出极强的复杂性；科研人员所做出的预报，特别是短临预报，主要是经验性的。

我国地震预报的水平和现状可以概括为：对地震前兆现象有所了解，但远远没有达到规律性的认识；在一定条件下能够对某些类型的地震，做出一定程度的预报；对中长期预报有一定的认识，但短临预报成功率还很低。

就世界范围来说，地震预报仍处于经验性的探索阶段，总体水平不高，特别是短期和临震预测的水平与社会需求相去甚远。地震预测预报仍然是世界性的科学难题，可能还需要几代地震工作者的持续努力。

我们说地震预报是世界难题，并不是要"知难而退"，为放弃开展地震预报研究寻找借口，而是要明确问题和困难所在，找准突破点，以便有的放矢地加强观测、加强研究，努力克服困难，知难而进，积极进取，探寻地震预报新的途径。

008. 为什么一定不能随便发布地震预报信息？

1972 年 2 月，两个侨居在美国的墨西哥人致电墨西哥政府，预报"墨西哥皮诺特巴纳尔市 4 月 23 日将发生地震，并引起特大水灾"。结果，这一"预报"导致了当地严重的社会混乱。皮诺特巴纳尔市市长说，这次"预报"造成的经济损失，比 1968 年 8 月发生的 7.5 级地震还要严重。

2015 年 5 月，一名荷兰男子在视频网站上发布一条消息："由于行星调整轨迹，美国西海岸将于 5 月 28 日下午 4 点发生 8.8 级大地震。"他还呼吁加州的相关政府部门做好救灾准备。因为过去 10 天在北加州地区发生了多次 4 级以下地震，这个时候爆出加州地震的"预言"，不能不引起人们的关注。福克斯电视台对"地震预言"进行了报道。这条消息很快在网上疯传，造成有些职员不上班，有些家长决定不送孩子上学，很多百姓"做好了逃生准备"。大家折腾了半天，最后才发现只是一场虚惊，白白浪费了大量的人力物力。

类似的教训是非常深刻的。地震预报的发布有着广泛而重大的社会影响。发布地震预报，既是一个科学问题，更是一个复杂的社会问题。

目前地震预测方法理论还不够成熟——没有哪一种异常现象能够在所有地震前都被观测到；也没有任何一种异常现象一旦出现之后，就必然要发生地震。地震预测可能成功，也可能失败。所以，我国建立了地震预报评审制度，并对地震预报权限进行了严格规定。

《中华人民共和国防震减灾法》规定，地震预报由省级以上人民政府发布。因此，真正的地震预报是通过广播、电视或者其他正规途径发出的。除了政府，任何单位或个人，包括地震部门的研究单位或工作人员都不允许发布。

归根到底，地震是小概率事件，目前任何人准确预测的可能性都是微乎其微的。出现时间和地点非常具体的地震预测传言的时候，我们要保持理智，冷静分析。

009. 如何正确识别和科学对待地震谣传？

在目前尚不能准确预测地震的情况下，公众对地震灾害事件高度关注，因此容易产生地震谣传。地震谣传是指没有科学依据的所谓将要发生地震的传言。

发生地震谣传的原因比较复杂，但多数是由于人们对地震灾害的恐惧，在过度关注"地震消息"的过程中，谣传被不断放大和传播。国内外都有因地震谣言和地震误传严重扰乱正常生活、生产秩序，引起社会混乱的例子。

最容易出现地震谣传的时间是在发生地震以后。国内外其他地区发生破坏性地震后，特别是人员伤亡惨重的特大破坏性地震之后，容易引起人们的恐慌，因此引发地震谣传。出现异常自然现象或自然灾害——如气候反常，地下水、动植物异常时，也容易使人们联想到地震征兆。开展正常的防震减灾工作，如召开有关会议、下发有关文件、制定有关法规或预案、工作检查、异常调查、学术交流等活动，如果被误解，容易引起谣传。

判断和识别地震谣传，对于防止和制止地震谣传和平息地震谣传都具有十分重要的意义。正确识别地震谣传的最简单方法就是"一问二想三核实"。

首先要问一下"消息来自何方"，只要不是政府正式发布的地震预报，无论是地震学术权威说的，还是贴有"洋标签"的跨国预报；无论是"有根有据"的地震传闻，还是带有迷信色彩的地震消息，一概不要相信和传播。

其次要想明白"凡是将地震发生的时间、地点、震级都说得非常准确的地震预报都是谣传"，如时间准确到几日几时，地点准确到哪个乡哪个村等，因为现在的地震预报还达不到这么高的水平。

最后，"当听到地震要发生的消息，一时心存疑问，难以判断真伪时，可向政府和地震部门核实"。各级基层单位或组织，应及时与上级地震部门取得联系，了解情况，及时向群众解释或辟谣。

010. 什么是地震预警?

地震预警是根据地震发生地附近地震台站观测到的地震波初期信息, 快速估计地震参数并预测地震对周边地区的影响, 利用电磁波传播速度远远大于地震波传播速度以及地震初始 P 波传播速度大于后继破坏性地震波 (S 波和面波) 传播速度的规律, 抢在破坏性地震波到达震中周边地区之前, 发布各地震动强度和到达时间的预警信息, 使企业和公众能够提早采取地震应急处置措施, 进而减轻地震人员伤亡和地震灾害损失。对于一个特定的预警目标区, 从发出预警信息到破坏性地震波到达的时间差通常称为预警时间。地震监测台站越密集, 预警目的地距离震中越远, 预警时间就越长。而预警时间越长, 则供企业和公众实施应急处置措施的时间就越及时、越充分, 减灾效果就越显著。

需要指出的是, 地震预警系统也具有局限性。一般地震震中附近地区破坏最为严重, 但因距震源很近, 故预警时间极短或根本没有预警时间 (预警盲区)。

一般来说, 地震预警系统只对距离初始破裂点 50 千米至 200 千米的范围有效。对于 50 千米以内的地区, 即使发出预警, 可能也来不及反应; 而对于 200 千米以外的地区, 地震产生的破坏可能又不严重, 没有必要发出预警。

此外, 由于地震预警需要快速自动地测定地震参数, 在极有限的时间里利用少量观测数据估计得到的地震参数, 有可能产生误差, 从而导致误报或漏报等问题。

011. 为什么会修正地震速报信息？

地震速报是地震台网的核心功能，即震后第一时间发布震中位置、震级大小、震源深度等地震参数，这对于政府和社会公众迅速判断灾情、及时启动应急处置，最大限度地减轻地震灾害损失具有重要意义。

目前中国地震台网通过手机、网站等渠道，向全社会实时发布自动地震速报信息。实时自动地震速报是利用近年来发展起来的全新地震速报技术，通过计算机自动处理地震台网的实时监测数据，实现快速地震定位和震级测定。自动地震速报最突出的优点就是"快"，从处理到发布均由计算机自动完成，与传统人工速报相比具有明显的速度优势，如中国国内地震一般 2 分钟之内便可快速定位，而人工速报通常需要 10 分钟左右。

一般地说，在地震发生之后，首先是用比较少的台站资料，在比较短的时间内得到粗略的地震参数，采用计算机自动定位和数字通信网络以后，这个过程已经大大地加快了。但是，这样得到的结果通常是有很大误差的。这种误差的产生不仅是由于台站数目太少，而且是由于地震波的传播很复杂，因此在识别地震信号的时候，计算机常常弄错。所以，按照国际上通用的习惯，一般是在地震发生之后的非常短的时间内，用不多的台站资料，由计算机给出初定的结果，然后再由分析人员进行校验。初定的结果一般很快得出，但是误差很大；比较精确的结果的产出，则需要十几分钟时间，甚至需要再次修订震级。

在地震发生之后，社会首先需要的是"快"，以回答"是否需要启动应急系统"的问题，需要的主要是速度，而不是精度。对政府和社会公众而言，这时最需要获知的信息是这次地震究竟是"大地震"还是"小地震",而并不是震级究竟是 6.5 还是 6.8;是距离有多远或者大致在什么地方,而并不是确切的经纬度数字。

但是,在地震发生较长时间之后,出于详细了解的需要,社会需要的是尽量精确的、尽可能多的信息,需要的是高精度和大信息量。

这样,我们就能够理解为什么有时一次地震刚刚发生,北京台网速报的震级是 3.3,而河北台网速报的震级是 3.5;为什么昨天报道的震级是 6.8,今天却"变成"了 7.0……这其实是很正常的。

事实上,即使国际上一些非常先进的地震台网,对于远离台网的一些发生在面积较小的国家和地区的地震,也会出现因为定位误差而在初报中将地震的"国籍"弄错的问题。实际上,此时只要把初报和终报分开,并且把误差范围搞清楚就行了。

我们必须了解初报结果与精确结果的区别,这样出现重新修订震级或震中的问题,也就不足为奇了。

012. 为什么中国大陆强震频繁发生?

地震是我国造成人员死亡最多的自然灾害。据统计,20 世纪后半叶中国大陆不同灾种造成人员死亡数量中,地震造成人员死亡人数占 54%。我国是全球地震灾害最严重的国家之一,20 世纪的统计数据表明,中国大陆人口占世界总人口的 1/4,但中国大陆 7 级以上地震次数占全球大陆的 1/3,地震造成的人员死亡数量占了全球的 1/2。全球死亡人数超过 20 万人的地震有 7 次,其中 4 次发生在我国。

我国地震活动频次高、强度大、分布广，可以说始终面临着强烈地震的威胁。中国大陆每年平均发生 20 次 5 级以上、3.8 次 6 级以上及 0.6 次 7 级以上地震。这意味着，平均来看，我国每年就可能遭受 4 次以上的强烈地震袭击。我国大陆有 30 个省份发生过 6 级以上地震，19 个省份发生过 7 级以上地震，12 个省份发生过 8 级以上地震。以往没有强震记载的地方，并不意味着以后就不发生强震。

我国地震频发，与我国大陆区域构造运动密不可分。我国地处欧亚板块东段，北面有稳定的蒙古地台阻挡，西南部受印度洋板块向北东方向的碰撞挤压，东部受到太平洋板块向西偏北方向的俯冲推挤，处于三面"受挤"的状态。印度洋板块向北东方向的强烈碰撞挤压，导致我国大陆西部直接剧烈隆起，形成"世界屋脊"——青藏高原，伴随有强烈的地震活动。受太平洋板块俯冲的影响，我国东部的地震活动也较强。有研究表明，这种中国大陆地区三面"受挤"的构造运动状态将始终存在。

二 如何认识地震灾害

013. 地震灾害有哪些突出的特点？

和其他自然灾害相比，地震灾害很独特，主要表现在以下三个方面。

灾害重，社会影响大。强震释放的能量是巨大的。一个 5.5 级中强震释放的地震波能量，就大约相当于 2 万吨 TNT 炸药所能释放的能量，或者说，相当于第二次世界大战末美国在日本广岛投掷的一颗原子弹所释放的能量。如此巨大的地震能量瞬间释放，危害地表自然生态特别严重。相对于其他自然灾害，地震灾害的一大突出特点是死亡人数最多。

地震由于突发性强、伤亡惨重、经济损失巨大，所以它所造成的社会影响，也比其他自然灾害更为广泛、强烈，往往会产生一系列的连锁反应，对一个地区甚至一个国家的社会生活和经济活动会造成巨大的冲击。它波及面比较广，对人们心理上的影响也比较大，这些都可能造成较大的社会影响。

地震灾害的次生灾害比较严重。1923 年 9 月 1 日，日本关东地区发生的 8.3 级地震，震中位于东京和横滨两座大城市之间。震后市区 400 多处同时起火，引发大面积火灾，横滨市几乎全部被烧光，东京的 2/3 城区化为灰烬，在地震中死亡的 10 万人中 90% 死于火灾；在毁坏的 70 万栋房屋中，有超过 5000 栋是被大火烧毁的。此次地震次生灾害损失大大高于地震直接灾害损失。

许多城市发生的地震灾害都伴随不同程度的火灾、水灾，这是因为城市的各个角落都存在各种危险源。这些会造成城市危害的灾害源，在地震时常出现严重的意料之外的次生灾害。

灾害程度与社会和个人的防灾意识有关。众多震害事件表明，在地震知识较为普及、有较强防灾意识的情况下，地震发生后造成的灾害损失可大幅度减少。假如人们对防灾常识一无所知，一旦遭遇地震，就不会科学从容地应对，造成很多本不该发生的或完全可以避免的人身伤亡。

1994年9月16日台湾海峡发生7.3级地震，粤闽沿海地区震感强烈，伤800多人，死亡4人。这次地震，粤闽沿海地区地震烈度为Ⅵ度，本不该出现伤亡。伤亡者中的90%是因为缺乏地震知识，震时惊慌失措、拥挤逃奔。如广东潮州饶平县有两所小学，因学生在逃奔中拥挤踩压，伤202人，死1人；同次地震中，在福建漳州，由于中小学校平时都设有防震减灾课，因而临震不慌，同学们在老师的指挥下迅速躲在课桌下避震，无1人伤亡。因此，加强防震减灾宣传，提高人们的防震避险技能，具有非常重要的意义。

014. 为什么说地震灾害具有瞬间突发性的特点？

不少灾害突然发生时，都会让人感到祸从天降，不知所措。遇到地震灾害时，人们的这种感觉似乎尤为强烈。大地震发生时，顷刻之间，房倒屋塌，一座城市变成一片废墟。地震毁灭城市的所谓"顷刻之间"，不过是几秒、十几秒，最多十几分钟而已。

研究发现，我国大陆大地震的破裂面有几十千米（如炉霍7.6级、通海7.7级地震等）到几百千米（如昆仑山口西8.1级地震等）长，地震破裂的扩展速度是每秒几千米。一次七八级地震的破裂过程，一般只需几十秒，最多一百几十秒，持续时间十分短暂。

从地震发生到城市建筑物开始震动，在大多数的情况下，也只需几秒到十几秒的时间。

建筑物在经受如此巨大的震动时，经不住几个周期（震中距为几十千米的地震波周期一般仅零点几秒）的地震作用，如作用力超过建筑物的抗剪强度，即遭到破坏，甚至倒塌。

许多经历过大地震的人都回忆道，从感觉地震发生到房屋倒塌只是一刹那的事，估计只有几秒、十几秒的时间。这主要是地震波到达，建筑物抗御震动，到承受不了，被破坏、倒塌的时间。实际上，大震破裂过程中发出的地震波可能尚未全部到达，建筑物就已经倒塌了。

地震灾害的瞬间突发性，是其他任何自然灾害不能比拟的。旱涝等气象灾害是出现得比较频繁的自然灾害。天不下雨，要持续几十天才能形成旱灾。由干旱引起的森林火灾，更要长时间干旱才会出现。暴雨成灾，至少也要在当地持续下几小时特大暴雨。上游暴雨，洪峰更要经过几天时间，才可能到达并对中下游的城镇和农田构成水灾威胁。台风从太平洋上空形成，到东南沿海登陆，也必需几小时到几天的时间。滑坡、泥石流虽有较强突发性，但往往发生在暴雨或地震之后，而且常常会先有地裂、轻微滑动等先兆。比较起来，地震灾害形成过程更快，瞬间突发性更显著。

015. 地震会产生什么样的影响？

地震的影响是指与地震有关的宏观现象，包括直接影响与间接影响两种。

直接影响又称为原生地震影响，主要指与地震成因直接有关的宏观现象，例如地震成因断层（又称"发震断层"）的断裂错动；区域性的隆起或沉降，大地面的倾斜或变形，悬崖、地面裂缝、海岸升降、海岸线改变，以及火山喷发等对地形的影响。直接影响往往在极震区才能见到。研究地震的直接影响具有很重要的意义，它有助于我们认识地震的成因与过程，推断并解释构造运动。

间接影响又称为次生地震影响，主要指地震产生的弹性波传播时在地面上引起的震动所造成的一切后果，如山崩、建筑物的倒塌破坏、海啸、湖水激荡、地震滑坡、泥石流、砂土液化、地面沉陷、地下水位变化、火灾等。此外，还包括地震造成的社会秩序混乱、生产停滞、家庭离散、生活困苦等等。

直接影响和间接影响有时并不容易区别，比如地裂，既可以是直接影响，也可以是间接影响。间接影响虽不是分析地震成因的主要依据，但与人民生命、财产的安全都有密切关系，因此也同样为人们所关注，特别为工程建设人员所重视。

016. 中国地震灾害特别严重的主要原因是什么？

我国地震活动具有频次高、强度大、分布广的特点，在全球范围内的强震活动中占有相当的比重。据统计，20世纪在全球大陆地区的地震中，我国发生的强震所占的比例为1/4～1/3，地震造成的死亡人数和灾害损失占到了总自然灾害造成的死亡人数和灾害损失的1/2。我国地震灾害十分严重，1900年至今死于地震的人数已超过了70万人，约占同期全世界地震死亡人数的一半。

我国地震灾害特别严重的原因，首先是地震既多又强，而且绝大多数是发生在大陆地区的浅源地震，震源深度大多只有十几至几十千米；其次是我国人口稠密地区如台湾、福建、华北北部、四川、云南、甘肃、宁夏等都处于地震多发地区，约有一半城市处于基本烈度Ⅶ度或Ⅶ度以上地区。其中，百万人口以上的大城市，处于Ⅶ度或Ⅶ度以上地区的达70%，北京、天津、太原、西安、兰州等大城市，均位于Ⅷ度区内。

我国地震灾害严重的另一个重要原因，就是经济不够发达，广大农村和相当一部分城市，建筑物抗震等级不高，抗震性能差，抗御地震的能力弱。一次又一次的地震灾害证明了一点，建筑抗震能力普遍偏低是我国震害严重的主要原因，也就是"地震灾害本质上是土木工程灾害"。

由于历史的原因，我国1978年以前的大量建筑工程未考虑抗震设防或抗震能力弱，这也是为数不多的几次发生在城市的破坏性地震灾害严重的原因。目前我国某些村镇地区的建筑仍以传统的土、木、砖、石为主，建筑的抗震能力相对差，近几年发生的破坏性地震又多发生在经济相对落后的西北、西南等地区，因此建筑破坏现象就更加严重。

我国的抗震防灾能力和日、美等发达国家相比，还有相当的差距，如果发生同等强度的地震，可能造成的伤亡和损失会相对较重。

017. 地震中人员伤亡的主要原因是什么？

地震中人员伤亡的主要原因是工程建筑结构主体破坏或倒塌，而受伤人员中非结构破坏导致的占到约一半。

绝大多数地震死亡源于房屋倒塌，有的人直接被震落构件所砸致死；有的人被震落构件所压埋，因不能及时得到营救，长时间窒息或失血过多而死亡。

非结构破坏，如不坚固的女儿墙塌落，烟囱倒塌，砖头、天花板上的泥块以及照明设备等被震落导致的受伤人员较多，其中的大多数情况，我们是很容易就能避免的。

地震引发的地质灾害，如滑坡、崩塌、滚石直接压埋或掩埋建筑物或构筑物，会造成大规模的人员伤亡。地震会引发火灾，有的人会被烟熏窒息，或直接被烧死。

颅脑损伤是地震致亡率最高的，早期死亡率达30%。颌面、五官损伤会造成严重功能障碍，可因血凝块和组织移位，造成窒息。四肢损伤约占人体各部位损伤的50%，并且常伴有周围血管和神经损伤。腹部损伤的发生率较低。骨盆损伤多伴有泌尿系统损伤。

伤害中各种骨折占第一位，软组织损伤占第二位，挤压综合征占第三位。脊柱骨折约占骨折的1/4，其中30%～40%可并发截瘫。四肢骨折以闭合性为主。肋骨骨折的断端刺伤可造成气胸或血胸。有相当数量的脊柱骨折是在搬运中加重而截瘫的，这是完全可以避免的。

人体肌肉受到强烈挤压，或被重压6小时以上后，局部肌肉坏死，会释放出大量蛋白分解物质进入血液循环，导致休克和肾功能衰竭，这就是挤压综合征，死亡率极高。稍轻的也会影响以后的肌肉功能。

休克和外伤感染也是死亡的主要原因。

018. 地震对建筑物有什么影响？

地震对建筑物的影响与地震本身的大小，以及位移、速度、加速度等都有关，此外还与建筑本身、基础和地基条件有关。

与建筑物以及基础设施的类型和结构有关，比如，对土房和木房的影响就有所不同。通常，房屋建筑在垂直方向耐震性较强，而水平方向较弱，房屋的毁坏往往是水平力作用的结果。

与建筑物以及基础设施的地基所处的环境有关。例如在疏松土质上与在坚固岩石上的建筑物，受地震的影响显然不同；在平地与在山坡上，建筑物的稳定性也是有差别的。

地震还会引起砂土液化，使得房屋等建筑物的地基失效。砂土液化会导致地基丧失承载力，如结构不坚固，会致使整个建筑物倒塌。因此，地面破坏引起的震害，不能用加强结构的抗震能力来减轻，而应通过场地选择和地基处理来避免或减轻。

019. 地震对建筑物的破坏有哪些形式？

建筑结构类型较多，破坏形式也多。我们仅就一般民居平房的破坏形式进行分析，可归纳为以下三种。

结构受损。建筑物主要部件的接合处受到损坏。轻则拔榫或墙角出现裂纹；重则脱榫或墙角裂大缝；再重则榫头脱落，墙角崩坏。人们很注重结构的破坏，它对建筑物的整体性有影响，如整体性受到破坏，将无法修复，只能拆除。

墙壁受损。房屋建筑主要是由墙构成的，其中以外墙最为重要，是建筑物的支撑，因开窗户，强度就会被削弱。遭受轻度破坏时，在内墙壁上，会出现裂缝；在外墙，则除粉面层上发生裂纹，特别是近窗口的边缘角落处以外，一般不见裂缝。破坏重时，外墙发生裂缝或开裂，内墙多脱框、掉扇或倒下；若更重，则内墙折裂倾倒，外墙开裂或崩颓。若建筑物的整体性被损害，则建筑物随之倾圮。

基础受损。立于地面上的墙是从其地下部分的基础砌上来的。基础的宽度要比墙体宽，一般用碎石和灰土夯筑而成，以承荷上部结构。地基很牢固，一般不易破坏，只有在情况严重时，墙裂缝与开裂可以渗透到地基，或者接合面上发生相对错移；最坏的情况是地基不良，发生不均匀的沉降，使地基变形甚至发生损坏，影响到建筑的整体性，从而使建筑物部分倒塌或者全部坍塌。

020. 在遭遇破坏性地震时，到底哪层楼最安全？

2013 年 4 月 20 日雅安芦山 7.0 级地震后，某知名网站发起了一次震后购房心态调查，结果表明：参加调查的网友中 82.6% 的人将改变楼层选择，选择 10 层以下的网友更是占到 81.1% 以上。其实，楼层与地震灾害的关系，并不是大家想象的那样——楼层越低越安全！相反，楼层越低，结构变形的应力越大！因此，在遭遇破坏性地震时，到底哪层最安全并不是一个简单的问题。

所有建筑物都是地面运动的载体。当底层结构随着地面运动时，高层建筑体由于自身的惯性会向地面运动的相反方向移动，于是建筑物的下部就会形成一个最大的剪切力，并在地面运动的往复作用下形成 X 形断裂面。如果遭遇强烈地震，底层结构更容易先被震裂，甚至震坏；而楼房的高层振幅虽然更大，反而应力小，往往底层先震垮后，上面的楼层才整体坐下来或倾倒。

另一方面，当发生地震、火灾等意外情况时，如果外窗没有安装防盗网，从一层房间内逃生就简单和便利一些。从这个角度来看，一层当数最安全的楼层。

一个地区的抗震设防烈度是多少，是经科学分析评定划分并以国家法规标准的方式确定的。绝大部分的建筑，如居民住宅楼是按本地区地震基本烈度设防的。

同一个地区的同类建筑，设计的时候是按照相关标准抗震设防的，那么从建筑安全角度看，高层和低层的安全性是一致的。超高层建筑设计会经过专业部门的专项审查并采取严格的技术措施来达到国家标准。比如，高层建筑为了防止地震中发生倒塌，强化了很多关键部位和构件，设计了相当的耗能构件供地震中消耗地震能量，还不同程度地设计有多余的构件，以防止发生重大损坏。简单地说，从抗震设计方面来看，每一层的计算标准都不一样。所以，对于地震安全来说，高层和低层都一样。

021. 为什么说地震次生灾害是极为严重的?

地震本身的特点决定了地震次生灾害的多样性，如滑坡、泥石流、火灾、水灾、有毒有害物质外溢等。同时，因地震是瞬间发生的，而受灾面积又很广，因此，不同种类的次生灾害可能同时发生，不同种类或同一种类的灾害也可能在震后一段时间内相继发生。

各种地震次生或衍生灾害相互关联，互相诱发。地震造成活动断裂、地表破碎，为崩塌、滑坡创造了有利条件；崩塌、滑坡为泥石流提供了大量碎屑物质，泥石流又会诱发崩塌与滑坡；地面塌陷与道路滑塌相伴而生，地面塌陷导致路基失衡，必然形成道路滑塌。崩塌、滑坡、塌陷与地裂缝又对地表、建筑物和路面产生破坏，最终作用于人类，造成人员伤亡和财产损失。泥石流和水土流失使地表植被和农田遭受破坏，还会造成建筑物和构筑物的损坏以及生态环境的恶化。泥石流堵塞河道后会形成堰塞湖，一旦湖体破裂，会酿成洪灾和涝渍，潜在威胁大大增加。恶劣天气，如高温、干旱，使火灾和传染病的发生概率大大增加。火灾将房屋烧毁，形成"孤岛效应"，导致人员被困，无法得到及时救助而死亡。传染病的传播速度极快，若防治措施不力，会迅速蔓延，导致人口大量死亡，引发社会恐慌和社会动乱，危害非常严重。

在人口密集的现代大都市，处处存在着次生灾害源。地震时，电器短路会引燃煤气、汽油等形成火灾；水库大坝、江河堤岸倒塌或被震裂会引起水灾；公路、铁路、机场被地震摧毁会造成交通中断；通信设施、互联网络被地震破坏会造成信息灾难；化工厂管道、贮存设备遭到破坏会形成有毒物质泄漏、蔓延，危及人们的生命和健康；城市中与人们生活密切相关的电厂、水厂、燃气厂和各种管线被破坏会造成大面积停水、停电、停气；卫生状况的恶化还能造成疫病流行，等等。

大量的次生地质灾害也会出现，如出现地面裂缝、地面塌陷、山体滑坡、河流改道、地表变形，以及喷沙、冒水、大树倾倒等现象。

破坏性地震的突发性和巨大的摧毁力，造成了人们对地震的恐惧。有一些地震本身没有造成直接破坏，但由于各种"地震消息"广为流传，以致造成社会动荡而带来损失。这种情况如果发生在经济发达的特大城市，损失会相当于一次真正的破坏性地震，甚至有过之而无不及。

因此，在一次大地震灾害中，次生灾害是极为严重的。为了减轻地震灾害，一定要做好地震次生灾害防范工作。

022. 为什么说城市地震灾害容易造成严重的社会问题？

在生产力水平较低，抵御自然灾害能力较弱的古代社会和现代社会的欠发达国家和地区，地震对受灾地区发展的负面影响更为明显。

公元 6 世纪，地震先后 6 次波及拜占庭帝国东部的大都市安条克，给该城造成了极大的破坏。在灾害过后，尽管拜占庭皇帝和安条克地方政府、教会与民众都比较积极地参与救灾活动，但因为灾害本身过于严重，加之在地震次生灾害应对上的疏忽，安条克城市的发展最终还是在该时期陷入了低谷。

2010 年 1 月 12 日下午海地发生 7.0 级强烈地震，距离首都太子港 16 千米，震源深度为 10 千米，地震发生后当地又发生 5.9 级余震。太子港市及其附近多座城镇被毁，该国的总统府、议会大厦、联合国驻军总部大楼及其他政府部门和监狱等要害建筑都被震塌，方圆几十平方千米一片废墟，尸体遍地，成为人间地狱，仅太子港市震后第三天就找到约 5 万具尸体，地震后 5 天内共掩埋 7 万多具尸体。在海地大地震中幸存的灾民，因迟迟得不到救援物资，部分灾民竟冒死抢掠，首都太子港到处都可以看见手持大刀的人，街头不时传出枪声，局势已到失控地步，太子港的治安形势非常混乱。由于海地的国家监狱在地震中倒塌，大约 4500 名重犯越狱逃跑，这给本来就动荡的海地治安形势又蒙上了一层阴影。当时甚至出现了外国救助队员遭袭击的状况，其中包括几名外国救助队员被枪打伤。另外，海地当地的一个武器库被暴徒洗劫，至少 5 名当地警察被暴徒打死……

地震灾害不仅在震后一段时间内使城市社会处于极度悲惨和混乱的状态，而且给社会留下的后遗症将长期影响着人们，有时还会引发政治问题。城市灾害还会影响到周围地区或城市，或将严重影响和制约国家和社会的发展。一般大地震可使一个城市或国家的区域社会经济发展进程延缓 10 ~ 20 年，对城市社会经济产生持久的不利影响。城市的特殊性和复杂性，也给抢险救灾和恢复重建增加了难度。

023. 为什么说地震恐慌也会带来损失？

破坏性地震的突发性和巨大的摧毁力，造成人们对地震的恐惧。有一些地震本身没有造成直接破坏，但由于人们明显感觉到了，再加上各种"地震消息"广为流传，以致造成社会动荡，从而带来损失。这种情况如果发生在经济发达的大中城市，损失会相当严重，甚至不亚于一次真正的破坏性地震。

如唐山地震后，地震谣言、谣传此起彼伏，我国东部地区大范围内的群众产生普遍的恐震心理，在长达半年多的时间里，很多人不敢进屋居住，最多时约有四亿人住进防震棚，打乱了正常生产、工作和生活的秩序，给国家经济生活造成重大影响。由于农村文化教育水平偏低，在一些交通闭塞地区，防震减灾意识几乎为零，因而个别地区封建迷信活动伺机兴风作浪。如1976年8月16日四川省安县红光村的反动会道门制造地震谣言，蛊惑群众，造成61人集体投水，41人溺水死亡。

由于缺乏知识，轻信谣言，人们会因恐慌而停工、停产、停课，会到银行大量提款，会因成群外逃"避震"造成交通堵塞，甚至会引起交通事故或互相挤踏造成伤亡。像北京、上海这样的现代化大都市，如果发生地震恐慌，仅停工一天，就会造成重大经济损失，且恢复生产周期较长。这类因地震恐慌而造成的社会"灾害"，将引起人们更广泛的关注。

024. 地震灾害和应急响应分级方面有哪些规定？

地震灾害分级响应是以地震灾害分级为基础的，依据国家法律法规和《国家地震应急预案》规定的响应分级采取的应急措施，包括灾害分级、响应分级、响应级别确定和响应措施的采取等几个层面的内容。它是地震应急救援法律制度中的核心内容和关键环节。正确而全面地理解地震灾害分级响应的适用条件，是做好社会参与地震应急救援工作的首要内容。

地震灾害分为特别重大、重大、较大、一般四级。

特别重大地震灾害，是指造成300人以上死亡（含失踪），或者直接经济损失占地震发生地省（自治区、直辖市）上年国内生产总值1%以上的地震灾害。当人口较密集地区发生7.0级以上地震，人口密集地区发生6.0级以上地震，可初判为特别重大地震灾害。

重大地震灾害，是指造成 50 人以上、300 人以下死亡（含失踪）或者造成严重经济损失的地震灾害。当人口较密集地区发生 6.0 级以上、7.0 级以下地震，人口密集地区发生 5.0 级以上、6.0 级以下地震，可初判为重大地震灾害。

较大地震灾害，是指造成 10 人以上、50 人以下死亡（含失踪）或者造成较重经济损失的地震灾害。当人口较密集地区发生 5.0 级以上、6.0 级以下地震，人口密集地区发生 4.0 级以上、5.0 级以下地震，可初判为较大地震灾害。

一般地震灾害，是指造成 10 人以下死亡（含失踪）或者造成一定经济损失的地震灾害。当人口较密集地区发生 4.0 级以上、5.0 级以下地震，可初判为一般地震灾害。

根据地震灾害分级情况，将地震灾害应急响应分为Ⅰ级、Ⅱ级、Ⅲ级和Ⅳ级。

应对特别重大地震灾害，启动Ⅰ级响应。由灾区所在省级抗震救灾指挥部领导灾区地震应急工作，国务院抗震救灾指挥机构负责统一领导、指挥和协调全国抗震救灾工作。

应对重大地震灾害，启动Ⅱ级响应。由灾区所在省级抗震救灾指挥部领导灾区地震应急工作；国务院抗震救灾指挥部根据情况，组织协调有关部门和单位开展国家地震应急工作。

应对较大地震灾害，启动Ⅲ级响应。在灾区所在省级抗震救灾指挥部的支持下，由灾区所在市级抗震救灾指挥部领导灾区地震应急工作。中国地震局等国家有关部门和单位根据灾区需求，协助做好抗震救灾工作。

应对一般地震灾害，启动Ⅳ级响应。在灾区所在省、市级抗震救灾指挥部的支持下，由灾区所在县级抗震救灾指挥部领导灾区地震应急工作。中国地震局等国家有关部门和单位根据灾区需求，协助做好抗震救灾工作。

地震发生在边疆地区、少数民族聚居地区和其他特殊地区时，可根据需要适当提高响应级别。地震应急响应启动后，可视灾情及其发展情况对响应级别及时进行相应调整，避免响应不足或响应过度。

三 如何识别地震灾害风险

025. 地震中影响房屋受损程度的主要因素有哪些?

破坏性地震发生时，地面剧烈颠簸摇晃，直接破坏各种建筑物的结构，造成倒塌或损坏，也可以破坏建筑物的基础，引起上部结构的破坏、倾倒。建筑物的破坏导致人员伤亡和财产损失，形成灾害。

造成重大损失的地震在全球并不少见，不管是国内还是国外，都屡有发生。比如，1976年7月28日的唐山地震，造成24.2万人死亡，16.4万人重伤，倒塌房屋530万间……

地震是通过地震波不同的传播方式，使得地面上的房屋随之产生震动而造成多种破坏形态的。地震波传来时房屋震动方式通常有三种：如果地面上的房屋处于震源附近，当地震波传来时房屋会上下震动；如果地面上的房屋远离震源，地震波传来时房屋会水平方向左右摇摆；由于地面土质不一样，地震波扭转传递时，房屋会随之产生扭动。

地震中影响房屋受损程度的主要因素有：地震烈度的大小；场地对地震波的反应差别；地震波为波浪式传递，房屋在峰顶时遭受的破坏大，位于谷底时遭受的破坏相对较小；房屋的自振频率与地震波的振动频率相同，则会产生共振，破坏更严重；地震波传播的方向对不同朝向和方位的房屋所造成的破坏不同；房屋的建筑形态、结构类型；房屋的抗震设防情况；房屋的施工质量等等。

026. 为什么说抗震设防是减轻地震灾害损失的根本途径？

地震对建筑物的破坏是非常普遍的，而建筑物的破坏会造成大量人员伤亡和财产损失。据统计，地震中95%的人员伤亡都是建筑物破坏造成的。

日本是一个多地震国家，但地震并没有给日本带来巨大的人员伤亡。2003年9月26日，日本北海道地区发生8.0级地震，只造成1人死亡、2人失踪和500余人受伤，绝大部分建筑保持完好。美国西海岸也是地震多发区，2002年11月4日美国阿拉斯加发生7.8级地震，强烈地震仅导致该地区输油管道临时关闭，未遭到破坏，个别道路和房屋受损，没有造成人员伤亡。事实证明，提高工程建筑的防震抗震水平，是避免造成人员伤亡的最重要的直接保障。

调查结果表明，遭遇6级左右地震袭击时，设防与不设防的损失差别就较大：人员的伤亡比约为1∶14，建筑物的损失比约为1∶4.2，经济的损失比约为1∶5.1。

像我国这样的发展中国家，幅员辽阔，经济还不发达，靠高标准的全面设防来减轻地震灾害是不现实的。所以，为使建筑物具有一定的抗震能力，就必须在设计、施工中按抗震设防要求和抗震设计规范进行抗震设防，以提高抗震能力，这是营建安居工程、保证工程安全的长远大计。

地震灾害的惨痛教训让人们深刻地认识到，在经济条件允许的情况下，加强抗震设防，把房子盖得结实，远比盖得漂亮和盖得高大重要。因此，一定要严格执行抗震设防标准，把房子盖得足够结实，把桥梁、水坝等各工程设施建得足够坚固，提高工程建筑抵御地震破坏的能力，这样当地震来袭时才不会被破坏或者不受影响，从而达到减少人员伤亡和财产损失的目的。

027. 什么是"三水准"的抗震设防目标？

抗震设防目标，是根据建筑结构应满足的抗震安全性要求、地震特点、国家的经济力量、现有的科学技术水平、建筑材料和设计施工的现状等综合制定的，并随着经济和科学技术水平的发展而提高。我国现阶段房屋建筑采用"三水准"的抗震设防目标。

第一目标——小震不坏，即当遭受低于本地区地震基本烈度的多遇地震影响时，一般不受损坏或不修理可继续使用。地震基本烈度不是某一次地震的烈度，而是用统计学方法计算得来的综合烈度，即在今后若干年内，这一地区可能遭遇的最大危险烈度。加上"基本"两个字，是为了与一般使用的烈度区别开来。

第二目标——中震可修，即当遭受相当于本地区地震基本烈度的地震影响时，可能损坏，经一般修理或不需修理仍可继续使用。

第三目标——大震不倒，即当遭受高于本地区抗震设防烈度预估的罕遇地震时，不致倒塌或发生危及生命的严重破坏。

028. 如何科学合理地确定抗震设防要求？

科学合理地确定抗震设防要求，加强抗震设防要求监管，大力提高我国城乡建筑物的抗震能力，是减轻人员伤亡的最根本途径，是以人为本理念的切实体现。

抗震设防要求是指经地震主管部门制定或审定的，建设工程必须达到的抗御地震破坏的准则和技术指标。它是在综合考虑地震环境，建设工程的重要程度、允许的风险水平及要达到的安全目标，国家经济承受能力等因素的基础上确定的，主要以地震烈度或地震动参数表述，是新建、扩建、改建建设工程所应达到的抗御地震破坏的准则和技术指标。

《中华人民共和国防震减灾法》第三十五条对各类建设工程应该达到的抗震设防要求进行了明确规定："新建、扩建、改建建设工程，应当达到抗震设防要求。"

建设工程的抗震设防通常通过三个环节来实现：一是确定抗震设防要求，即确定建筑物必须达到的抗御地震灾害的能力；二是制定抗震设计标准（包括地震作用、抗震措施），即采取基础、结构等抗震措施，达到抗震设防要求；三是进行抗震施工和监理，即严格按照抗震设计施工，保证建筑质量。上述三个环节相辅相成、密不可分。

029. 为什么要进行地震安全性评价？

地震安全性评价是抗震设防工作的一项重要内容，是一项对工程建设场地进行地震基本烈度复核、地震危险性分析、设计地震动参数的确定、地震小区划、场址及周围地质稳定性评价及场地震害预测等的工作。其目的是为工程抗震确定合理的设防要求，达到既安全，投资又合理的目的。

重大建设工程和可能发生严重次生灾害的建设工程，应当按照国务院有关规定进行地震安全性评价，并按照经审定的地震安全性评价报告所确定的抗震设防要求进行抗震设防。

上述规定以外的建设工程，应当按照地震烈度区划图或者地震动参数区划图所确定的抗震设防要求进行抗震设防；对学校、医院等人员密集场所的建设工程，应当按照高于当地房屋建筑的抗震设防要求进行设计和施工，采取有效措施，增强抗震设防能力。

030. 探测活断层有何意义？

地表到地壳深处有许多大大小小的断层，它们是在漫长的地质史中逐步形成的。与地震活动有关的是新活动的那些断层，称为活断层。这里所说的"新活动"，是用地质年代的尺度来衡量的，其长度绝非人类活动的尺度能比拟的。所谓新活动的活断层，是指十万年以来持续活动的断层。

地震破坏建筑物的主要原理：一方面，地震波在地面形成一个很大的地震运动加速度，建筑物抵御不了这种巨大运动而遭受破坏；另一方面，断层活动引起的地表错断，直接对地面建筑物造成严重破坏。目前，人类建造的工程建筑，还无法抗拒断层活动引起的直接地表错断。

研究地震灾害情况发现，许多沿活断层带建造的建筑物遭到了十分严重的破坏；而离开活断层一定距离的建筑，则相对安全得多。这启示我们：建筑要考虑避开可能发震的活断层。这种可减轻地震灾害的经验非常简单，却常常被人们忽视，因此，人们不得不一次次面对血的教训。

开展城市活断层探测与地震危害性评估工作，确定活断层的准确位置，评估预测活断层未来发生破坏性地震的可能性和危害性，对城市新建重要工程设施、生命线工程、易产生次生灾害工程的选址，科学合理地制定城市规划和确定工程抗震设防要求，减轻城市地震灾害，具有重要意义。

031. 降低地震风险最有效的途径是什么？

地震风险是指在未来的一段时间里由地震灾害导致建筑物损坏、人员伤亡，以及财产损失的可能性。换句话说，地震风险是地震灾害与承灾体（即人类和人类赖以生存的环境）在未来的一段时间里相互作用的可能后果，或指房屋（承灾体）在未来的一段时间里（通常为50年）遭受地震灾害破坏的可能性。

地震灾害与地震风险是两个非常重要、本质不同的概念。地震灾害（地震危险性）是指由地震所产生的自然现象，包括地表破裂、强地面运动、场地效应、砂土液化及引发滑坡与滚石等，并且包含可能引起的破坏。比如，地表破裂可导致房屋的倒塌，强地面运动可导致房屋的毁坏，砂土液化可引发地基失稳。

地震风险还与承灾体有关。降低地震风险，可以通过减轻地震灾害来达到，也可以通过减少承灾体或增强承灾体的抗灾能力（降低易损性）来达到。

大部分地震灾害，特别是地表破裂和强地面运动，是不可能减轻的。另外，减少承灾体一般是不可行的。因此，降低地震风险最有效的途径，是通过抗震设计与施工来增强承灾体的抗灾能力。

032. 为什么说仅仅出台建筑物抗震设计规范是不够的？

建筑物抗震设计规范、标准和规定，是降低地震风险基本而最为有效的手段。有关学者对世界上几次破坏性地震所造成的死亡人数和地震发生时间进行了研究，并与地震发生地（国家或地区）第一版建筑物抗震设计规范颁布时间，以及同近代先进建筑物抗震设计规范颁布时间相隔的年数进行了对比分析。研究结果表明：建筑物抗震设计规范颁布得越早，尤其是近代先进的建筑物抗震设计规范颁布得越早，地震时遭受的损失就越小。

另外，建筑物抗震设计规范只有在得到很好实施的前提下，才能发挥减轻地震灾害的作用。在美国，每一栋建筑物都必须按照地方立法机构通过的建筑规范进行设计和施工。这启示我们，建筑物抗震设计规范得不到切实的实施，建筑施工质量也就得不到良好的控制。仅仅出台建筑物抗震设计规范是不够的，还必须认真贯彻落实。

033. 什么是"把地下搞清楚，把地上搞结实"？

人们经常会问：怎样才能尽量减少震灾给我们带来的伤害？随着地震科学的不断发展，科学家们已能较好地测知地震可能会有多大，会造成怎样的影响，在一定条件下也可以统计出地震发生的概率，然而，地震预测仍然是一个世界性科学难题。在这种情况下，专家们普遍认为，人类对付地震最好的方法就是做好预防。

1976 年唐山大地震后，我国开始全面重视建筑物的抗震设防问题，从"地上不设防"发展到"把地下搞清楚，把地上搞结实"。

"把地下搞清楚"就是要查明地下地震地质结构，包括地基情况、活断层分布情况等。城市新建的重要设施、居民小区等，尽可能规划避开危险区域；已经建设的重要建筑设施，尽早采取防范措施。大规模开展城市活断层探测，就是"把地下搞清楚"最常用、最有效的手段。

"把地上搞结实"就是采取设防措施，提高建设工程的抗震能力。除了重视城市的抗震设防，国家还实施了农居工程，逐步改变了农村"小震致灾""大震巨灾"的状况，有效减轻了人员伤亡。农居工程已经在一些地震中发挥了重要作用。比如，新疆 2004 年率先实施农居工程以来，实现了 5 级地震"零伤亡"，6 级地震"零死亡"的减灾效果。

034. 如何提高农村建筑的抗震能力?

在我国,大多数生活在农村的人口防震意识淡薄,缺少避震常识。我国的乡镇建筑受着所处自然环境条件及传统文化、风俗习惯的影响,带有强烈的地方色彩,结构形式和建筑材料往往因地制宜和就地取用,一般建筑,特别是住房,都没有经过正规的设计和施工,没有充分考虑抗震性能。

多次惨痛的教训说明,地震时造成乡镇大量人员伤亡的主要根源在于布局、构造不合理,没有考虑抗震基本要求,致使建造的房屋大量被破坏或倒毁。因此,在进行农村建筑建设时,要注重强化建筑的抗震措施。

场地选择要恰当。选择地势平坦、开阔,上层密实、均匀或为稳定基岩等有利的地段;不宜在软弱土层、可液化土层、河岸、湖边、古河道、暗埋的浜塘或沟谷、陡坡、松软的人工填土,以及孤突的山顶或山脊等不利地段建房;不应在可能发生滑坡、崩塌、地陷、地裂、泥石流以及有活动断裂、地下溶洞等危险地段建房。在这些危险地段,即使把房屋建得很坚固,一旦遭受地震灾害,也很容易墙倒屋塌,甚至造成毁灭性灾难。

地基要做稳做牢。在软弱土层等不利地段建房,基础沟槽必须宽厚,槽底要均匀铺设灰土并分层夯实,用水泥浆砌砖或石料混凝土做好基础,还可用加桩等技术加固地基。对于一般的软土地基,应设置大脚,预防不均匀沉降。如果是建楼房,应设置地圈梁,以防不均匀沉降对上部结构的影响;在盐碱地地区建房屋时,应加强基础防潮、防碱、排水等措施,防止碱、潮对构件的腐蚀作用,以免降低强度。

房屋结构布局要合理。建设房屋时,要避免立面上的突然变化，平面形状也宜简单、规则，墙体要布置得均匀、对称些，以使房屋具有良好的抗震性能。对于砖瓦房，房屋不宜过高，一般是一间一道横墙，硬山搁檩条，采用双坡四出檐式；楼房采用内廊式平面，纵横墙较密，加上墙体间咬砌搭接，房屋的整体性就好；横墙支撑纵墙，限制纵墙的侧向变形，同时还承受屋顶、楼层和纵墙等传来的地震力，在房屋抗震中起着很大的作用。墙壁上开洞，会削弱墙的强度和整体性，因此应尽量少开洞或开小洞。开洞要均匀，不要在靠近山墙的纵墙上或靠近外纵墙的横墙上开大洞。

墙体要有足够的强度和稳定性。选择墙体的材料时，要考虑强度和耐久性；注意墙体砌筑形式和方法，必须采取加强措施，各类砌体中的块材在砌筑时都必须上下错缝。纵墙与横墙、内墙与外墙要结合牢靠，墙体之间互相依靠，以更好地发挥抗震作用。尽量采用一系列构造措施，提高房屋结构的延性和刚度，除注意纵横墙、内外墙间的拉接外，宜增设钢筋混凝土构造柱和圈梁，以提高房屋的抗震能力。

035. 为什么不能把房子盖在断层上？

一摞纸，如果两边受到压力，就会弯曲。组成地壳的岩层在来自两个方向力的挤压下，会发生波状弯曲或扭曲，形成褶皱。如果力的作用继续加强，超过岩层本身的强度，再坚硬的岩层也难以承受，就形成了断裂。

地壳岩层因受力达到一定强度而发生破裂，并沿破裂面有明显相对移动的构造，就是人们常说的"断层"。在地貌上，大的断层常常形成裂谷和陡崖，如著名的东非大裂谷、中国华山北坡大断崖。

断层是构造运动中广泛发育的构造形态。它大小不一，规模不等，小的不足一米，大的有数百、上千千米，但都破坏了岩层的连续性和完整性。在断层带上往往岩石破碎，易被风化侵蚀。沿断层线常常发育有沟谷，有时出现泉或湖泊。

地震往往是由断层活动引起的，地震又可能造成新的断层发生，所以，地震与断层的关系十分密切。

有关学者发现，对地质灾害形成根源的深入研究，不可不考虑断层等构造因素，尤其是活断层，它不仅是地震、地裂缝等重大灾害的罪魁祸首，也是控制崩塌、滑坡、泥石流等常见地质灾害分布的重要因素。

活断层在我国大陆内部广泛分布，尤其在我国西部地区，活断层规模大、活动性强，造成了严重的地质灾害。与活断层相关的地质灾害可分为活断层快速活动灾害、活断层缓慢活动灾害、活断层次生灾害三种类型。

断层快速活动形成地震。地震灾害主要表现为地表破裂、崩塌、滑坡、砂土液化等现象。如2001年昆仑山口西8.1级地震，切割地表400多千米，沿山脊、水系位错，鼓包、裂缝纵横，造成输油管线破裂、通信光缆中断，正在施工的青藏铁路也遭受严重破坏。有关学者经过考察研究发现，此次地震的发生与东昆仑活动断裂带关系非常密切。

断层缓慢活动造成地表变形。最典型的断层缓慢活动（断层蠕滑）的例子是美国西部的圣安德列斯断层。而在我国，断层缓慢活动造成地表变形现象中最常见的为地裂缝。虽然地裂缝的成因复杂，但其与构造的相关性不可忽视，如陕西西安市等地。

活断层附近易产生次生灾害，如断层破碎带、节理带、断层陡坎及崩积物等均利于滑坡、泥石流的发生。如藏东—川西地区，是中国大陆内部断裂活动最强烈的地区之一，区内频繁发生的地质灾害，是川藏公路畅通率极低的主要原因之一。

为了减轻地震灾害，建设工程应该避让活断层。在近年发生的历次大地震中，研究人员发现，断层带上的房屋倒塌、人员伤亡情况严重，但断层带以外的情况就好得多。建房时避开这些断层带，就可有效减轻地震灾害的损失。

目前，"别把房子盖在断层上"已成为一个科学常识。已探明的城市地下活断层的区域，可建成城市绿化带、草地公园、河流景观等，既保证了安全，又美化了环境。

036. 建房选址要避开哪些不利场地？

新疆乌恰县老县城建在古河床上，由于地层松软，多次遭受地震破坏，直到 1985 年被一次 7.4 级地震夷为平地。吸取历史教训后，新疆乌恰县城迁移到地基比较稳定的地带。新县城在 1990 年 4 月 6.4 级地震和 2008 年 10 月 5 日 6.8 级地震中经受住了考验，安然无恙。这个事例说明，科学的建筑选址对于减轻地震灾害是至关重要的。

为了提高抗震性能，选择建设场地时，必须考虑房屋所在地段地下较深土层的组成情况、地基土壤的软硬、地形和地下水的深浅等。以下场地不利于建筑物抗震，是不适合建房的：

活断层及其附近地区；

饱含水的松砂层、软弱的淤泥层、松软的人工填土层；

古河道、旧池塘和河滩地；

容易产生开裂、沉陷、滑移的陡坡、河坎；

细长突出的山嘴、高耸的山包或三面临水田的台地等。

037. 居民在装修房屋时如何重视地震安全？

不可否认，装饰装修在设计师的创意下为公众营造出了美丽、舒适、使用方便的工作、学习和生活空间，给我们提供了精神上和物质上的享受。但有些项目在装修改造的过程中，忽视了建筑使用的安全性和使用寿命，增加了地震发生时的安全隐患。

我国城市房屋建设主要有砖混结构和框架结构两种。砖混结构主要由承重墙、承重梁为主体支撑，框架结构主要由承重梁和承重柱为主体支撑。如果装修时破坏或打掉承重墙、柱、梁，无论全部或部分打掉或开窗、开门、改动大小，其房屋承载力都会有不同程度的下降，整幢房屋力的传递和支撑都将被破坏，使承重结构无法共同载力。

如果一楼的一户居民把承重墙大面积拆除，将导致该楼的抗震性能减弱和负荷应力出现异常；如果发生地震，楼体很可能会发生整体坍塌。因此，在家庭装修中务必要重视地震安全问题，一定不要随意拆改承重墙体等房屋结构构件。

此外，还要特别注意如下几个方面。

非承重墙也不能随便拆除。在很多人的观念中，房内的承重墙不能拆，非承重墙都可以拆。这其实是一大误区。事实上，并不是所有的非承重墙都可以随意拆改。因为相对于承重墙来说，非承重墙是次要的承重构件，但同时它又是承重墙极其重要的支撑。对于一栋楼来说，一个家庭拆除非承重墙或在墙上打个洞没有太大问题，但如果整栋楼的居民都随意拆改非承重墙体，将大大降低楼体的抗震力。

不要随意在墙上打洞。进行居室装修时，不得随意在承重墙上穿洞，拆除连接阳台和门窗的墙体，也不要随意扩大原有门窗尺寸或者另建门窗。这种做法会造成楼房局部裂缝，严重影响其抗震能力。

不要随意增加地面铺装材料的总重量。有专家指出，地面装饰材料的重量不得超过40千克/平方米。普通居民的楼房地面在装修时不要全部铺装大理石，因为大理石比地板砖和木地板的重量要高出几十倍，如果地面全部铺装大理石，就有可能使楼板不堪重负。

不要拆除阳台边的矮墙。一般的房间与阳台之间的墙上都有一门一窗，这些门窗可以拆除，但窗下的矮墙则拆不得，因为此墙是房间连同阳台的配重墙，牵连着东西或南北墙，如果拆掉，会使阳台的承载力下降。如楼房每个单元每个住户全掉或部分打掉，等于大楼全体或部分阳台没有配重拉力。

不要私自挖地下室。楼房设立地下室在建筑设计上有严格的规定和规范，不按设计要求，擅自开挖地下一层至地下二层，将对楼房的地基部分造成严重影响，而地基的好坏，对楼房的稳定性起着重要作用。一旦改变楼体设计，开挖地下室，裸露或缩小甚至砸掉地基柱，将严重影响整幢楼房的有效承载力和稳定性。

为了确保安全，应通过广泛宣传，让社区居民（业主）尽量选择信誉好、有住宅装修设计和施工资质的装修公司进行装修。

四 如何做好震前应急准备

038. 为什么要了解自然灾害的综合风险评估?

灾害是不可能完全避免的，但我们可以通过努力，比如加强基础设施建设、加强房屋抗震抗灾能力、加强公众的安全教育等，减少灾害的损失。实践证明，灾害造成的损失大小往往与灾害强度、人类的脆弱性和暴露在灾害下人财物的集中度成正比，与我们的应急响应能力成反比。其中脆弱性、集中度和应急响应能力，是对灾难损失影响大，且人类能加以控制的重要因素。现代安全理论认为，突发事件的破坏性不完全在于灾害的原发强度，还取决于人类社会自身应对各类灾害时表现出的抵抗能力和脆弱性。这一认识，教会人们要正确理解什么是"天灾人祸"。

自然灾害风险是指未来若干年内可能达到的灾害程度及其发生的可能性。要开展灾害风险调查、分析与评估，了解特定地区、不同灾种的发生规律，了解各种自然灾害的致灾因子对自然、社会、经济和环境所造成的影响，以及影响的短期和长期变化方式，并在此基础上采取行动，降低自然灾害风险，减少自然灾害对社会经济和人们生命财产所造成的损失。

自然灾害综合风险评估，内容包括灾情监测与识别、确定自然灾害分级和评定标准、建立灾害信息系统和评估模式、开展灾害风险评价与对策研究等。不同发展水平的地区对自然灾害的敏感性和脆弱性不同，其防灾救灾能力也各不相同。灾区的经济实力与发展水平、社会制度、组织能力都是影响区域自救能力和恢复能力的重要因素。

人们了解自然灾害综合风险评估，并应用评估结果，便于人们提高对灾害的认识，可以进一步探讨自然灾害风险管理模式和预防措施，有针对性地控制灾害。

039. 如何认识强化社区防震减灾功能的重要性？

社区是居住于一定地域的，具有归属感、守望相助的人们共同组成的活动区域。我国城市社区，一般是指居民委员会辖区。作为社会管理与建设的基础，社区是防灾减灾机制的基本单元。社区不仅要有警察和保安，还要有应对灾害的安全管理人员。比如"9·11"事件后，美国政府为强化整体防卫，积极推动建立具备三大功能的防灾型社区，即灾前预防及准备功能、灾时应变及抵御功能、灾后复原及整体改进功能。

灾害发生时，往往导致道路中断等情况，社区常常来不及等待外来救援。时间就是生命，社区要具备自救和自保的防灾功能，在灾后的第一时间，受灾者能够依靠自己的能力生存，并把其他居民转移到安全的地方去。这就要建立起相对独立运作的区域型防灾体系，包括设立社区紧急避难场所和医疗救护基地，有简单的应急物资储备等，以赢得黄金救援时间，最大限度地避免人员伤亡。另外，社区之间也要建立安全协调机制，提高自救和互救的能力。

040. 如何理解科学技术的减灾效果？

2003 年 9 月 26 日，日本北海道附近近海发生 8 级强烈地震，几乎大半个日本都感到了震动。但这次地震仅造成 1 人死亡，财产损失也很轻微。因此，这次地震被媒体称为"大震级，小损失"的地震。与之形成鲜明对比的是，1973 年 6 月 17 日，也是在日本北海道附近近海发生了 7.4 级强烈地震，死亡多达数百人，并造成了严重的财产损失。

两次地震，位置几乎相同，而后来发生的地震震级比前面的大，为什么损失却小得多呢？这是因为，从 1973 年到 2003 年，工程抗震设计、建筑材料和施工技术都有了巨大的进步，削弱了北海道建筑物的易损性；30 年间，地震知识的宣传和普及，提高了北海道居民和政府对地震灾害的预防意识，在灾害到来之前，人们做好了各种预防准备。

应用科学技术成果减轻灾害各方面的实例是非常多的。

按照传统的做法，主要是通过加粗柱子、多加钢筋的方法，提高建筑结构的强度来"抗震"。在高烈度地区，这不仅增加了建造费用和施工难度，而且也难以满足结构的抗震需求。地震来了地面晃动，房屋跟着晃动，就很容易引起房屋倒塌。

自 20 世纪 70 年代以来，减隔震技术在世界范围内引起了广泛关注。"减震"是将建筑物某些非承重部分设计成效能杆件，或通过装设效能装置来进行；"隔震"是通过在地基与柱子之间加钢板橡胶垫的方法来进行。减震隔震技术采用"以柔克刚"的办法，在很多情况下，是对付地震更加合理、更加有效的技术手段，也是目前世界地震工程界推广应用较多的成熟的高新技术之一。

20 世纪 90 年代，我国开始开发隔震技术。使用隔震技术的建筑，经过强烈地震的考验，隔震效果良好，抗震性能显著。比如，2013 年 4 月 20 日四川雅安发生 7.0 级地震，芦山县人民医院门诊楼震前采用了先进的减隔震技术，震时大楼的窗户玻璃和楼顶招牌仍完好无损；而医院未采用隔震措施的楼体，在地震中破坏严重。

北京大兴国际机场航站楼采用先进的组合隔震技术，大幅度提高了航站楼结构的抗震性能，有效降低了底部高铁震动对上部结构的影响，解决了超大超长混凝土结构裂缝控制的技术难题。减隔震技术成果的应用再次彰显了巨大的威力。

科学技术是第一生产力，科学技术进步是提高减灾效益的基本途径。减轻地震灾害，一定不能忽视依靠不断发展的科学技术。

041. 居民如何制订家庭防震减灾计划？

家庭是社会组成的最小单位，每个家庭的安全、健康是和谐社会的最基本保证。在紧急情况下，提前预知"如何做"，可以最大限度地减少伤害和损失。制订家庭防震减灾计划是我们保护自己、保护家人最好的准备和应尽的责任。为了制订和实施科学合理的家庭防震减灾计划，可参考如下建议采取行动。

学习防震减灾基本知识。通过学习，了解应对各种灾害事件的基本常识、社区及周围经常发生的灾害事件，寻找家庭中的安全盲点。针对不同的灾难和事件，确定家庭中的避难点和户外的避难地（所）。学习并掌握帮助老人、孩子和残障人士的方法。参加灾难应对和急救知识培训班。熟悉本地区、本社区的应急方案。经常给孩子讲述安全知识，以免他们忘记。

家庭隐患排查，注意物品摆放。历次震后调查结果表明，不少人是被翻倒的柜橱或高处震落的物品砸伤的；同时，家具物品倾倒又影响快速撤离。在居室中，物品堆放应遵循重在下、轻在上的原则，高大家具如柜橱、书架、装饰柜、碗柜和冰箱等，都应用挂钩或支架固定在墙壁上。易碎品要固定摆放，避免物品翻倒或滑落。悬挂物如吊柜、镜框等，应与墙壁或天花板上的托梁连接牢固；灯具必须远离窗帘、衣物等易燃物品。检查家中电线有无老化、裸露甚至断裂等现象。让家人都知道电源总开关位置，并学会如何在紧急情况下切断总电源。走廊通道和楼梯上不应堆放杂物，不存放自行车等大件物品，墙壁上的悬挂物应清除，以保证通畅无阻。若有易燃、易爆物，如汽油、酒精等，应存放到安全的地方。门窗应保持开关自如。

家庭成员的物品放置要遵守一项原则：临震预报发布以后，摸黑能穿好衣服，戴上眼镜；随手可拿到应急包，几步就能到达预选的避震位置。

让每个家庭成员都熟悉家庭应急方案。有必要召开家庭会议，制订自家独特的应急方案，主要内容应包括但不限于以下两点。一是让每个人都了解家庭成员集合处。确定紧急状态下的家庭成员集合处，包括家中发生意外时可去的屋外安全地点。比如，当地震发生时，去社区广场、公园或应急避难场所。当发生意外后难以到达上述地点时，确定可去的其他交通便捷地。二是填写信息联络卡。为每位家庭成员准备一张信息联络卡（老人和儿童尤其需要）。上面记录本人的名字、家庭地址、家庭其他成员、联络电话、年龄、血型、紧急联络人、既往病史等信息。注意及时更新，并在工作单位和邻居家备份。

042. 如何做好家庭地震安全隐患排查？

你可以通过在家中进行"地震安全隐患排查"来寻找地震中的潜在危险。要逐一巡视你的房间，设想地震时房中将会发生什么情况。用你的常识来进行预测，找出安全隐患。一些可能的安全隐患如下。

在地震中可能会倒塌的又高大又笨重的家具，比如书架、瓷器柜、定制的组合柜（应当设法固定在墙壁上）。

可能会从管道上脱离并碎裂的热水器。

可能发生足够移动、扯坏煤气管道或电线的物品。

悬挂在高处较重的盆栽，有可能脱钩坠落。

挂在床上方较重的相框或镜子，有可能在地震中掉下来。

橱柜或别的柜子剧烈晃动时，柜子的插销可能会松动打开。

放置在高处开放式储物架上的易碎品或重物，可能会坠落摔碎。

可能会因为没有支撑而倒塌的砖砌烟囱。

易燃液体，比如油漆和清洁剂，储存在车库或是室外储物室中应该更安全。

请设法逐个排除这些安全隐患——妥善安置各种重物，摆放不恰当的，一定要进行必要的调整。

043. 家庭应准备哪些急救用品？

在地震前，家庭应准备急救用品，如：斧头、铁铲、扫帚、螺丝刀、钳子、铁锤、扳手、绳子、塑料布，以及水、食物等基本生活用品，等等。厚底鞋、手套、蜡烛、打火机、水果刀、橡胶管、帐篷、毯子或睡袋、手电筒、电池、基本的急救药物、防护眼镜、多用途灭火器、洗漱用品。将这些急救用具装在工具箱或渔具箱，以便携带以及防水。

其他急救物品包括：急救手册、剪刀、镊子、温度计、香皂、纸巾、防晒霜、一次性纸杯、水果刀、小塑料袋、安全别针、针线、医用冰袋、夹板等。

在准备基本的急救药物时，可考虑：双氧水用于清洗和消毒伤口；抗生素药膏；个人用的包装好的酒精棉签；阿司匹林及其他药片；处方药及其他需要长期服用的药物；抗腹泻药物；滴眼液；用于外伤包扎的绷带、纱布、医用胶条、医用棉花等。

044. 如何教会孩子做好地震灾害应对准备？

对于家长来说，教会孩子做好地震灾害应对准备工作也是非常重要而有意义的，特别是如下几个方面。

帮助孩子认识所居住的地区可能出现的警报信号或预警信息。你可以从应急管理等部门的官方网站得到一些相关信息。

告诉孩子们当灾难发生时有很多人可以帮助他们。告诉他们灾难发生后，急救中心、志愿者、警察、消防员、老师、邻居、医生或者技术工人都可以提供帮助。

教会孩子们何时以及怎样打电话求救。确认电话簿上存有当地可以提供急救援助的号码。如教孩子拨打 110、119、120、122。

教大孩子进行第一时间的抢救以及心肺复苏术。对于大一些的孩子来说，这些是危急时刻重要的技能，学习这些技能是一件很有趣的事。

在家时，将一位其他地区的亲戚或朋友的电话设定为你家的"呼叫号码"。灾难发生之后，在当地信号中断时，远距离的电话往往还处于连接状态。告诉孩子当他们在突发情况下与家人分开时，可以拨打这个号码。帮助他们背下这个号码，或者将号码记在他们能随身携带的小卡片上。

045. 为什么要重视地震应急和逃生技能的学习训练？

1994 年 9 月 16 日台湾海峡发生 7.3 级地震，造成广东、福建部分地区重大人员伤亡事故，伤亡人员中有三分之二以上是中小学生，主要原因是中小学生缺乏防震减灾常识，在地震面前惊慌失措，密集的人群竞相奔逃而导致摔倒、踩伤或跳楼致残。

福建南部沿海地区因为距离震中近，受地震的影响最大，特别是漳州市 5 个县、市破坏最为严重。但是，漳州市的学生伤亡很轻。比如，漳州一所学校没有一人伤亡，主要原因是面对地震时冷静、没有慌乱。地震发生在下午 3 点多，老师立刻让正在上课的学生们躲到桌子底下；地震停了，才组织同学们快速撤离教室。而广东的一所学校，地震发生后使劲地敲钟，上千名学生慌忙夺门而出，相互挤压、踩踏，造成很多人受伤。

很多类似实例都说明，加强地震科普宣传教育，进行科学有效的应急逃生演练，提高全社会的防震减灾意识和能力，对减轻地震灾害所造成的人员伤亡损失是非常重要的。

在对青少年进行防震减灾宣传和组织防灾演练方面，多震的日本的很多做法是非常值得我们借鉴的。

日本政府规定，无论是防灾演练还是地震真正来临时，教师都要根据实际情况，向学生发出"躲避"或"撤离"的指令；教师有责任等待全班的学生都安全躲避或撤离之后，再设法保护自身。这种做法会深深地影响学生。

从小学入学到高中毕业的 12 年间，日本的青少年每年都能通过逼真的演练"亲历"地震，并感受到被保护的安宁感。到成年时，他们便不会再对地震感到恐惧。

除了学校定期组织学生进行地震避险和逃生演练外，日本由各个城市的消防队管理的地震模拟车，也承担起了帮助未成年人和成年人学习这些技能的责任，利用节假日，让人们体验地震，学习逃生避险知识。

我们要从一次次的灾难中吸取教训，认真学习先进国家的有益经验。加强教育和培训，经常组织应急演练，使广大青少年平时就注意学习防震减灾知识，了解减轻地震灾害的可能方法和途径，提高自我保护意识和能力；学会进行正确的逃生、自救，掌握必要的急救知识和技能；培养处变不惊和随机应变的能力，努力将地震可能造成的灾害损失减小到最低程度。

046. 如何进行家庭防震演习？

当发现房屋开始摇晃时，第一时间就知道应该去哪儿躲避是非常重要的。如果在地震发生前就做好了准备和演习，你和家人就能在感受到地震发生后的第一时间，及时、正确地做出反应。防震演习可以让你们全家人知道在遇到地震时该怎么办。

每个家庭成员都应该知道各个房间的安全地点在哪里。

最佳安全点是紧贴内部承重墙的地方；坚固的家具下面或

旁边也较安全，例如书桌或其他硬质桌子下面或者旁边。

应远离窗户、悬挂物件、镜子以及较高的没有固定好的家具。

要通过亲身体验如何在安全地点躲避，来巩固这些知识，这点对孩子们来说尤其重要。

在进行以上演练后的几周内，再次进行紧急演练，以巩固知识，形成固定记忆。

047. 政府部门在震前应做哪些准备？

为应对破坏性地震，政府有关职能部门应做好以下几个方面的应急准备工作。

备好临震急用物品。地震发生之后，食品、医药等日常生活用品的生产和供应都会受到影响。水塔、供水管线如果被震坏，会造成供水中断。为了能使群众渡过震后初期的生活难关，政府应有计划地准备一定数量的食品、水和日用品，以解燃眉之急。

建立临时避难场所。震后如房屋破坏，群众要有安身之处，才能保证基本的安定。这就需要临时搭建防震、防雨、防火、防寒的防震棚，并做到因地制宜。

划定疏散场地，转移危险物品。城市人口密集，人员避震和疏散相对难度较大。为确保震时人员安全，震前要按街、区分布，就近划定群众避震疏散路线和场地。易燃、易爆和有毒物质要在震前及时转运到城外存放，以消除次生灾害隐患。

设置伤员急救中心。在城内较安全的地点，或在城外设置急救中心，备好床位、医疗器械、照明设备和药品等，以供伤员治疗用。

暂停公共活动。发布正式临震预报后，政府应陆续暂停各种公共场所的活动，组织人员有秩序地撤离；中、小学校可临时改在室外上课；车站、码头可改在露天等候。

组织人员撤离并转移重要财产。如果得到正式临震预报，各单位、居委会等要迅速而有秩序地动员和组织群众撤离。正在治疗的重病号，要转移到安全的地方。对少数不愿撤离的人，要耐心动员。各单位和个人的车辆要开出车库，停在空旷地方，除了避免损坏，还可在抗震救灾中发挥作用。

防止次生灾害的发生。城市发生地震后可能会引发严重的次生灾害，特别是化工厂、煤气站等易发生地震次生灾害的单位，要加强监测和管理，设专人昼夜站岗和值班。消防队的车辆必须出库，消防人员要整装待发，以便及时扑灭火灾，减少经济损失。

组织抢险队伍，合理安排生产。临震时，各级政府要就地组织好各专业的抢险救灾队伍（救人、医疗、灭火、供水、供电、通信抢修等）。必要时，某些工厂应在防震指挥部的统一指挥下暂停生产或低负荷运行。

五 如何应急避险

048. 为什么地震发生时一定不能跳楼逃生？

遇到地震的时候，千万不可惊慌失措，跳楼逃生。因为大地震强烈震动只有十几秒到一分钟左右的时间，相当短促，从打开门窗到跳楼往往需要一段时间，特别是此时人站立行走困难，如果门窗被震歪变形很难打开，那耗费时间就更多。另外，楼房如果很高，跳楼可能会被摔伤或摔死，即使安全着地，也有可能被倒塌下来的东西砸死或砸伤。

唐山地震震害调查结果表明，因跳楼或逃跑而伤亡的人数在六种主要伤亡形式（直接伤亡、闷压致死、跳楼或逃跑、躲避地点不当、重返危房、抢救或护理不当）中排第三位。地震时，钢筋混凝土大楼一塌到底的情况毕竟较少，完全倒塌一般是主震后的强余震所致。这是因为钢筋混凝土的建筑物，除了具有一定的刚性外，还有相当的韧性。这就是主震往往不可能一下子彻底摧毁混凝土建筑物的原因。所以，地震时暂时安全地躲避是明智的选择。

049. 在家里怎样应急避险？

在家中遇到地震时，如果住在平房或楼房的一层，且室外空旷情况下，应尽快跑到室外避震。如果住在楼房二层及以上，首先不要惊慌，远离玻璃（包括镜子等），特别是大的窗户，就近躲避在安全处，震后再迅速跑到室外。

屋中有好的支撑的地方是好的避难处。立即寻找一个至少可以容下你的地方，蹲下或者卧倒，尽量把身子蜷起来，以便自己容易躲避在狭小的地方，而且不容易被坠落物击中。

如身体上方无遮避物时，将身边的物品，如枕头、被褥等顶在头上，要注意保护眼睛：低头、闭眼，以防异物伤害；在桌下躲避时，用手抓紧桌腿或写字台的一边，因为在强烈振动中家具可能会滑动，抓紧桌腿或写字台的一边可以随着它们一起移动。

在家具下的另外一个安全姿势，是坐在家具下面，使双手能自如地抓住写字台或桌子等的腿。

如果家中没有可用于藏身的家具，可躲到承重墙的内墙角或跨度比较小、垂直管道比较多的厨房、卫生间等比较牢固的房间。

蹲在暖气旁也相对较安全。因为暖气片和暖气管的承载力较大，金属管道的网络性结构和弹性使其不易被撕裂，即使在地震大幅度晃动时也不易被甩出去；管道内的存水还可延长存活期。更重要的一点是，被困人员可采用击打暖气管道的方式向外界传递信息，而暖气靠外墙的位置有利于最快获得救助。

震动平静后，要考虑马上转移到安全的地方。不要进入电梯，走楼梯相对而言更安全。撤离时要注意保护头部，最好用枕头等柔软物体护住头部。

050. 在校学生怎样应急避险？

为了有效应对突发地震，尽量减少灾害损失，做好学校的防震准备工作是非常重要的。

教室内的桌椅与窗户、外墙应保持一定距离，以免外墙倒塌伤人；教室内要留出一定的通道，以便紧急撤离；年小体弱、有残疾的同学，应被安排在方便避震或能迅速撤离的方位；地震多发地区，最好能加固课桌、讲台，以便藏身避震；在平时，要定期检查和加固教室的悬挂物；接到政府关于可能发生地震的预报时，将门窗玻璃贴上防震胶带，防止玻璃震碎伤人。

所有的学生都应该主动熟悉校内和校外环境，比如：紧急疏散场地在哪里？学校的灭火器放在哪里？水源在什么地方？化学实验室、食堂等处有什么危险品？遇到特殊情况向谁报告？附近的医院、门诊部在哪里？附近有没有生产危险品的工厂？教室外面有没有高大建筑物或其他危险物？

一旦突然发生破坏性地震，要采取科学有效的避震措施。

在教室遇到地震时，如果处于平房或楼房的一层，且室外空旷情况下，能跑则跑。如果位于楼房二层以上，学生要在教师指挥下躲避到课桌下或课桌旁，迅速护住头部，闭眼。尽量蜷曲身体，降低身体重心。尽可能离开外墙和玻璃窗，避开天花板上的悬吊物，如吊扇、吊灯等。内墙墙角处也可暂避。避震时，人员应当分散，不要过于集中，最好留出通道。地震平息后，应在教师的统一指挥下，迅速有序地撤离，转移到安全地带。

在室内，无论在何处躲避，都要尽量用书包或其他软物体保护头部，这等于给自己戴了一个软头盔。

在楼上教室内的同学千万不要跳楼，不要将身体探到窗外，不要到阳台上去，更不要一窝蜂地挤向楼梯，这样可能会产生很多不必要的伤亡。

在操场或室外时，要迅速远离易燃易爆及有毒气体储存的地域，避险时要远离篮球架、高楼、大烟囱、高压线以及峭壁、陡坡，不要在狭窄的巷道中停留，要尽量在空旷的地方躲避，可原地蹲下，双手保护头部。

地震发生后，在确定安全，获得老师的允许之前，千万不要返回教室内取东西。

051. 发生地震时正在户外该怎么办？

如果在户外，发生地震时，应迅速离开各种高大危险物，特别是有玻璃幕墙的建筑、街桥、立交桥、高烟囱、水塔等，避开电线杆、路灯、广告牌，可以就近选择开阔地避震。

如果在野外，就要飞速避开水边，如河边、湖边，以防河岸坍塌而落水，还应避开山边的危险环境，如山脚下、陡崖边，以防山崩。不要在陡峭的山坡、山崖上，以防地裂滑坡。

如遇到山崩、滑坡，要向垂直于滚石前进的方向跑，切不可顺着滚石前进方向跑，也可躲在结实的障碍物下，或蹲在地沟中，要保护好自己的头部。

在室外，还应注意避开变压器、高压线，以防触电。

052. 成年人如何帮助孩子在地震中采取
正确的行动？

家长和其他成年人，要帮助孩子们了解地震中该怎样做，怎样保护好自己。

比如，告诉他们：

"如果你在室内遭遇地震，一定要做到'先低下身，然后找东西遮护好自己，再抓牢它们'。比如说，你可以躲到课桌、椅子之类的东西的下面或旁边，抓牢其中一个桌腿或椅腿。如果害怕的话，还可以闭上你的眼睛。如果附近没有桌椅，你可以贴着内墙角坐下。请尽可能选择一个不会有东西砸到你的相对安全的地方，远离窗户、书柜以及其他高大家具。"

"请你在选好的安全地点等到震动结束，然后检查自己的伤势。当然，也要了解一下身边的人的伤势。随后再小心移动，并注意头上方可能的掉落品。同时，你也要时刻小心'余震'，也就是那些大地震过后轻微的晃动。"

"要警惕火情，因为地震可能会引起火警监测装置或消防喷头的失灵。"

"你一定要在震动停止后，迅速离开你所在的建筑物。请务必走楼梯，不要使用电梯。"

"如果地震发生时你在室外……就请留在室外。记住远离建筑物、树木、街灯和电线。蜷伏在地上，并护住你的头部。"

家长可以和孩子们一起，在每个房间或者教室里找寻安全地点。反复练习"先低下身，然后找东西遮护好自己，再抓牢它们"……迅速躲到桌子或者其他固定物下面。在你们一同生活的建筑物的里里外外，去找好安全地点。

告诉孩子们，地震发生时向外跑是非常危险的——因为掉落物会砸伤人。

053. 地震时正在影剧院等公共场所该怎么办？

在影剧院、体育馆等处遇到地震时，可就地蹲下或趴在排椅下；在商场、书店等处遇到地震，可选择结实的柜台、商品（如低矮家具等）或柱子边，以及内墙角等处就地蹲下。

在宾馆中遇到地震时，应迅速躲到坚固的桌下或床下（旁），也可以躲进开间小的卫生间，千万不要滞留在床上，也不要到阳台上、外墙边或窗边，不要急着往楼梯方向跑，不要乘电梯，更不能跳楼。

在电梯中发生地震时，首先会感到轿厢与周围墙壁的碰撞，此时，应立即在临近的楼层停下，马上离开电梯，就近躲到大柱子旁、内墙角、卫生间等地方。

一定要注意避开吊灯、电扇等悬挂物，玻璃窗。

在躲避的时候，最好用背包等物品护住头部。一旦震动平息，要快速有序撤离到户外空旷处。

在百货公司、地下商业街等人员较多的地方，最可怕的是发生混乱。所以一定要听从工作人员指挥，千万不要乱跑，不要慌乱拥挤，不要拥向出口，尽量避开人流。如被挤入人流，要防止摔倒，把双手交叉在胸前保护自己，用肩和背承受外部压力，同时解开领扣，保持呼吸畅通。

054. 发生大地震时正在车上怎么办？

发生大地震时，汽车会像车轮爆胎似的，司机无法把握好方向盘，难以驾驶。

驾车行驶时突然感到有地震，而又处于城市道路上或周围没有宽阔地可以临时躲避时，应立即打开双闪应急灯，减速停车，将车停靠在路边，然后下车观察周围情况，并找一个相对安全的位置等待，直到地震过后再上路行驶。

为了不妨碍避难疏散的人和紧急车辆的通行，要注意让出道路的中间部分，并且一定不可占用应急专用车道。都市中心地区的绝大部分道路可能会禁止通行。要注意查看手机信息或收听汽车收音机的广播，附近有警察的话，要依照警察的指示行事。

地震时如果正在开车，一定不要进入长桥、堤坝、隧道；如已进入，要尽快离开。车停下来后，迅速离开车辆，寻找附近安全的地方临时避难。

如果你正开车行驶在海滩附近的海岸公路上，最好迅速离开，远离浪高的海面，以免发生海啸时来不及躲避。

如果地震时，你乘坐的车辆还处于行驶状态，如果你坐在座位上，要尽量系上安全带，将胳膊靠在前座椅的椅背上，护住面部，身体倾向通道，两手护住头部；如果你站立在公交车上，要降低重心，躲在座位附近，同时用手牢牢抓住拉手、柱子或座椅等，以免摔倒或碰伤。

如果在停车场遇到地震，而这个停车场周围高楼林立，没有空旷区域，那么一定要赶紧下车，在车旁或者两车之间的位置抱头蹲下或卧倒。很多地震时在停车场丧命的人，都是在车内被活活压死的，在车旁或者两车之间的人，却毫发未伤。两辆车之间的空隙可以成为你救命的空间，增加存活机会。

055. 地震时遇到特殊危险怎么办?

地震时，可能会遇到一些特殊的危险，这时候，一定要保持冷静，特别小心。

燃气泄漏时：用湿毛巾捂住口、鼻，千万不要使用明火，震后设法转移。

遇到火灾时：趴在地上，用湿毛巾捂住口、鼻，地震停止后向安全地方转移，要匍匐、逆风前进。

毒气泄漏时：遇到化工厂着火，毒气泄漏时，不要向顺风方向跑，要尽量绕到上风方向去，并尽量用湿毛巾捂住口、鼻。

应注意避开的危险场所：生产危险品的工厂，易燃易爆等危险品的仓库等。

056. 地震时如果被埋压在废墟下怎么办?

地震时如被埋压在废墟下，周围又是一片漆黑，只有极小的空间，你一定不要惊慌，要沉着，树立生存的信心，相信会有人来救你，要千方百计保护好自己。

地震后，往往还有多次余震发生，处境可能继续恶化。为了免遭新的伤害，要克服恐惧心理，坚定生存信念，稳定下来，尽量改善自己所处环境，设法脱险。如果一时不能脱险，不要勉强行动，应做到以下几点。

要保障呼吸畅通。设法将双手从压塌物中抽出来，清除头部、胸前的杂物和口鼻附近的灰土，移开身边的较大杂物，以免再次被砸伤和被倒塌建筑物产生的灰尘窒息；闻到煤气等毒气的气味时，用湿衣服等物捂住口、鼻；不要使用明火（以防将易燃气体引爆），尽量避免不安全因素。

避开身体上方不结实的倒塌物和其他容易引起掉落的物体；扩大和稳定生存空间，用砖块、木棍等支撑残垣断壁，以防余震发生后，环境进一步恶化。

设法脱离险境。如果找不到脱离险境的通道，尽量保存体力，用石块敲击能发出声响的物体，向外发出呼救信号，不要哭喊、急躁和盲目行动，这样会大量消耗精力和体力，尽可能控制自己的情绪或闭目休息，等待救援人员到来。如果受伤，要设法包扎，避免流血过多。

尽量维持生命。如果被埋在废墟下的时间比较长，救援人员未到，或者没有听到呼救信号，就要想办法维持自己的生命，应急包里的水和食品一定要节约使用，尽量寻找食品和饮用水，必要时自己的尿液也能起到维持生命的作用。

057. 地震时被困在废墟中为什么不能乱喊乱叫？

在地震中，有人观察到，不少遇难者并不是因房屋倒塌而被砸伤或挤压伤致死的，而是由于精神崩溃，失去生存的希望，乱喊、乱叫，在极度恐惧中"扼杀"了自己。这是因为，乱喊乱叫会加速新陈代谢，增加氧的消耗，使体力下降，耐受力降低；同时，大喊大叫，必定会吸入大量烟尘，易造成窒息，增加不必要的伤亡。

没有被救援的迹象时，要静卧，保持体力。听到外面有人时，可以适当呼救，但是要注意方法和效果。如果外面的人听不到你的大声呼叫，就要暂时停下来，用砖头、石块、木棍等硬物敲击自来水管、燃气管、暖气管道、墙壁等，向外界发出求救的信号。

需要指出的是，被困在建筑物废墟中的人，可以用石块敲击管道，使管道振动产生声音，声音顺着管道传到地面，以引起救援人员的注意。

058. 在地震中如何用简易器械进行自救互救?

日常生活中的一些常用物品,比如绳索、棍子、灭火器等,可作为简易器械,在地震自救和互救中加以应用。

在多层建筑物倒塌或着火后,滞留或被围困在建筑物上部的人,可利用绳索下溜,逃生脱困;被困人员可利用绳索对难以拆除的悬挂物进行固定,避免其因余震或废墟垮塌等因素摇晃而伤人;在多层建筑物倒塌后,滞留在建筑物废墟上部或被困在废墟下部的人员无法脱困时,可利用绳索运送食品、饮用水、药品、衣物等。此外,绳索还可用于捆扎简易担架、建造临时帐篷等。

被压埋人员可利用棍子做支撑工具,固定易坍塌的部位,这样既可防止再次被掩埋,又可防止坍塌物对人体造成新的伤害。被压埋人员可利用棍子敲击管道、墙壁等,发出使外界能听到的声音,以获得救援。

059. 地震后如何避免身体脱水?

人体正常的生理活动(如出汗、排尿、排便等)都会消耗身体的水分。当气温为20℃时,一个成年人平均每天要消耗2~3升的水。消耗掉的水分必须及时补充。如果体液流失,没有得到足够的补充,就会造成脱水。脱水会降低你的工作效率,连最简单的任务也无法完成。如果一个人受伤了，脱水还会增加严重休克的可能性。

◆身体缺少水分可能导致严重后果。

人体失去5%的体液的时候，会感到口渴、急躁、恶心和虚弱。

人体失去10%的体液的时候，会导致头晕、头痛、不能行走，并且感觉肢体刺痛。

人体失去超过15%的体液的时候，会导致死亡。

失水最常见的信号和体征是：口渴；尿液颜色变深，气味强烈；排尿变少；眼窝变黑，深陷；疲乏；情绪不稳定；皮肤失去弹性；舌头中间出现裂纹。

◆失水后要立刻补水。在求生的环境中，补充失去的水分是一件困难的事情，且口渴并不能指示你需要多少水。

不要等到口渴的时候再去喝水，要定时补充水分，以防止脱水。如果体力消耗很大，或者情况比较严重，可以适当增加水的摄入量。要喝足够量的水，保证24小时至少排尿0.5升。

在失水的同时，我们还会失去电解质（生理盐）。通常的饮食能够补充这种损失，但在极端条件下，或我们生病的时候，就需要额外补充盐分。将四分之一匙的盐加入1升水中后形成的溶液浓度，非常适合人体吸收。

◆在求生环境中所可能遭遇的所有身体方面的问题中，失水是最容易预防的。下面是一些基本的防止脱水的措施。

在吃饭的时候喝些水。在消化的过程中，要用到和消耗水，并且能导致失水。

适应新环境。一旦适应了新环境，在极端的条件下，身体机能会表现得更有效。

减少出汗。限制活动，能减少水分的丧失。要限制大量出汗的活动。

定量饮水。在找到适当的补给源之前，有意识地定量饮水。

060. 为什么说自救互救在防震减灾中非常重要？

自救是灾害发生后灾民个人利用自身的精神、毅力、智慧、体力和物资等的自我救援，以努力获得安全环境。从地震废墟中脱险的人群中，自救的比例较高，一般超过 1/3。比如 1995 年 1 月 17 日日本阪神 7.3 级地震后，依靠自救逃生的民众高达 80%。

互救是灾民与灾民之间，或者非灾民与灾民之间的救援行为。在 1966 年 3 月 8 日河北省邢台隆尧县发生 6.8 级地震后，3 月 22 日宁晋县发生 7.2 级地震，造成 20 余万人被埋压在废墟中，通过当地群众的自救与互救，震后最初的 3 小时内，被埋压的灾民几乎全部脱险。

1976 年唐山 7.8 级地震后，唐山市区（不包括郊区和矿区）的 70 多万人中，80% ~ 90%（即 60 多万人）被困在了倒塌的房屋内。通过市区居民和当地驻军的努力，80% 以上的被埋压者获救。灾民的自救与互救，使数以十万计的人死里逃生，大大降低了伤亡率。

时间就是生命。震后大部分外界救灾队伍不可能在短时间内到达。为使被困和受伤人员获得宝贵的生命，灾区群众要积极自救互救。火灾、溺水、交通事故等其他灾情也一样。在很多情况下，越早妥善处置越容易，越早处置损失越小。因此，一定不能忽视自救互救在减灾中的作用！

普通居民的安全意识与应急避险、自救互救能力，直接关系到生命安危和财产安全，关系到全社会的综合防灾减灾救灾能力。因此，要树立居安思危意识，主动学习各种防灾减灾知识，参加应急演练活动，掌握各类常用急救器械的使用方法。灾害一旦发生，就可以立即采取科学有效的行动，在自救互救中发挥应有的作用。

061. 破坏性地震发生后如何进行科学的互救？

互救是指灾区幸免于难的人员对亲人、邻里和一切被埋压人员的救助。

震后，被埋压的时间越短，被救者的存活率越高。外界救灾队伍不可能立即赶到救灾现场，在这种情况下，为使更多被埋压在废墟下的人员获得宝贵的生命，灾区群众积极投入互救，是减轻人员伤亡最及时、最有效的办法，也体现了"救人于危难之中"的崇高美德。因此在外援队伍到来之前，家庭和邻里之间应当自动组织起来，积极地开展互救活动。救助工作的原则如下。

根据"先易后难"的原则，应当先抢救建筑物边沿瓦砾中的幸存者和那些容易获救的幸存者；

先救轻伤者，后救其他人员；

先抢救近处的埋压者，后救较远的人员；

先抢救医院、学校、旅馆等"人员密集"的地方的人员。

062. 震后怎样救人才有效？

应根据震后环境和条件的实际情况，采取行之有效的施救方法，目的就是将被埋压人员安全地从废墟中救出来。

通过了解、搜寻，确定废墟中有人员埋压后，判断其埋压位置，通过向废墟中喊话或敲击等方法传递营救信号。

营救过程中，要特别注意被埋压人员的安全：

使用的工具（如铁棒、锄头、棍棒等）不要伤及被埋压人员；

不要破坏被埋压人员所处空间周围的支撑条件，引起新的垮塌，使埋压人员再次遇险；

应尽快与被埋压人员的封闭空间沟通，使新鲜空气流入。如果挖扒的时候尘土太大，应喷水降尘，以免被埋压者窒息；

被埋压时间较长，一时又难以救出时，可设法向被埋压者输送饮用水、食品和药品，以维持其生命。

在进行营救之前，要有计划、有步骤，哪里该挖，哪里不该挖，都要有所考虑。

过去曾发生过救援人员盲目行动，踩塌被埋压者头上的房盖，砸死被埋压人员的情况，因此在营救过程中要有科学的分析和行动，这样才能收到好的营救效果，盲目行动往往会给营救对象造成新的伤害。

063. 如何科学地救助地震中被埋压的人员?

合理科学的救助方法可以更多更好地救出被埋压人员，因此掌握一定的技巧和要领是产生良好救助成果的必要条件。

救助被埋压人员时要注意如下几点要领。

注意搜听被困人员的呼喊、呻吟或敲击的声音。

根据房屋结构，先确定被埋压人员的位置，再行抢救，不要破坏了被埋压人员所处空间周围的支撑条件，引起新的垮塌，使被埋压人员再次遇险。

抢救被埋压人员时，不可用铁锹等利器刨挖；应先使其头部暴露，尽快与被埋压人员所处的封闭空间沟通，使新鲜空气流入；挖扒中如尘土太大，应喷水降尘，以免被埋压者窒息；迅速清除被救出人员口鼻内的尘土，再行抢救。

对于被埋在废墟中时间较长的幸存者，首先应输送饮料和食品，然后边挖边支撑，注意保护幸存者的眼睛，不要让其受强光刺激。

肢体被挤压超过 24 小时后开始出现肌肉坏死。一旦移开重压，坏死的肌肉会释放大量的肌红素、蛋白、钾等电解质，迅速引起心肾衰竭。这就是很多被救人员在被挤压时还能说话，而被救出几分钟后死亡的原因。因此，在救助被埋压人员时，一定不能急于把伤者救出！首先要做的并不是搬开压在被困人员肢体上的重物，而是先为伤者大量补液，如给患者饮用碱性饮料，或滴注生理盐水，让伤者进行有效代谢，再移开重物。

对于颈椎和腰椎受伤人员，要在暴露其全身后慢慢移出，用硬木板担架将其送到医疗点；

一息尚存的危重伤员，应尽可能在现场进行急救，然后迅速将其送往医疗点或医院。

在救人过程中千万要讲求科学。对于埋压过久者，不应暴露眼部和过急进食；对于脊柱受伤者，要专门处理，以免造成高位截瘫。

064. 地震停止后该做些什么？

地震停止后，如果你没有受伤，就要努力去救别人，尽量去获取最新的救援消息，并注意海啸等。

检查伤员情况。如果有人呼吸停止，可进行心肺复苏和口对口的人工呼吸。如果有流血的外伤，立即直接压迫伤处止血，或进行简单的包扎。除非有伤情扩大的紧急危险，否则不要移动重伤员。用毛毯包裹伤员，以保持其体温。

随身携带用电池供电的收音机，以便获取最新的救援消息，收听相关新闻报道。如果手机信号良好、电量充足，可通过手机查阅相关信息。

邻海居住的人们，要警惕海啸。海啸是地震引发的破坏性海浪。若当地政府发布了海啸预警，要意识到危险的海浪正在逼近。这时要尽快撤到内陆较高的地方。

不要频繁拨打电话，除非有重伤员需要救护。遇到地震等紧急事件时，电话服务往往会出现拥挤甚至堵塞。这时候，短信的到达率比电话要高，而微信和微博则会更通畅，市民可通过这种方式，与亲朋好友取得联系，确认彼此安全。

065. 如何进行震后安全隐患检查？

如果建筑物被地震摧毁或者部件已经松动，当你必须进入时，必须极其小心——它们可能毫无预兆地坍塌下来。这些建筑物还有可能存在煤气泄漏或者电路短路的情况。要穿上厚底的鞋，来避免被玻璃或者其他碎片扎伤。

尽可能扑灭燃烧的火苗。如果火势已无法控制，要迅速离开家，尽可能通知消防队，并提醒邻居。

用干电池供电的手电筒检查房屋。进屋前就要打开手电筒，因为屋内如有泄漏的煤气，打开手电筒时产生的火花可能会引起危险。

检查燃气管道、电线和水管，检查电器的受损情况。如果闻到煤气味，或看到管道破裂，要关掉从外面进屋煤气管道的主阀门。在供电部门专业人员来你家做安全检查之前，不要再合上电闸。一定要记住：在燃气闸关闭后，必须由专业人员重新打开。注意：如果怀疑有煤气泄漏，就不要使用电开关或设备，因为产生的火花会点燃泄露的燃气。

如果家里电线受损，要切断电源。如果情况不安全，要离开房屋，寻求帮助。

切莫触摸掉落的电线或受损的电器。

检查建筑是否有裂缝和损坏，尤其是烟囱与砖墙周围。如果建筑看起来有可能坍塌，要迅速撤离。

清除溢出的药品、漂白剂、汽油和其他易燃易爆液体。

使用厕所前，要检查进水管与下水道，确保它们完好无损。塞好浴缸与水槽的下水口，以免污水倒流。

检查水和食物。如果水源被切断，可使用热水器里的水或融化的食用冰块水救急。扔掉所有可能会变质或被污染的食物。

检查壁橱和碗柜。开门时要当心。注意躲避架上可能掉落的物品。

谨防余震。余震虽然通常要比主震小，但也足以造成进一步损害，并使建筑物更脆弱。因此，在震后检查安全隐患的时候，要注意提防余震，远离受损的房屋建筑，确保自身的安全。

六 如何防范地震次生灾害

066. 地震次生火灾有什么特点?

1995年1月17日发生在日本的阪神大地震,造成5466人死亡,3.5万人受伤,几十万人无家可归,受灾人口达140万人,直接经济损失达1000亿美元。在这次地震中,除房屋倒塌引起大量伤亡外,占比最大的则是因地震诱发的次生火灾造成的损失。由于煤气管道破裂,煤气泄漏,从而引起熊熊大火。房屋建造中木结构材料的大量使用,更增加了火灾造成的损失。这次地震共引发火灾531起,烧毁建筑面积100万平方米,18万栋房屋倒塌或严重损坏,在全部死亡人数中,约有10%是因火灾遇难的。阪神大地震的惨痛教训再次警示我们,一旦发生破坏性地震,绝对不能忽视次生火灾。

虽然地震次生火灾有着与普通火灾的共性,但又与一般火灾不同,有其自身的特点。因地震的不可预知性,与地震相伴而生的地震次生火灾具有突发性,难以预防。地震后,扑救地震次生火灾要受到建筑物倒塌、道路堵塞、桥梁损坏、市政水管网或灭火救援设施破坏、通信不畅、供电中断、气候条件恶劣等诸多不利因素的影响,扑救地震次生火灾要比普通火灾复杂得多;地震引发的众多次生灾害及人员伤亡使救护及救灾工作交织在一起,更增加了火灾的扑救难度;城市地震次生火灾往往起火原因复杂多样,往往会同时形成多个起火点,或者不同类型的火灾在同一时间发生,呈现多发性、密集性的特点,一旦扑救不及时,极易蔓延,造成灾难性的后果。

067. 为什么地震后容易发生火灾？

因地震而发生的火灾不同于普通火灾，既有使用明火引发的火灾，也有因电气线路和设备损坏产生火花引发的火灾，还有易燃易爆品爆炸引起的火灾，更有化学试剂反应引发的火灾等等。地震次生火灾的载体是基础设施，归根到底是由生活基础设施的损坏引起的。地震产生火灾的原因主要有两个：地震导致房屋建筑的结构性损伤和地震导致生命线工程破坏。

房屋建筑是城市地震次生火灾发生的主要载体。地震不仅造成房屋建筑破坏，建筑内部防火系统的完整性也会遭到破坏，防火材料、涂料脱离建筑物，使得建筑内部可燃材料直接暴露，丧失防火性能，遇到明火或者电火花，极易引发火灾。

城市的生命线工程是能源（电、气、油、热）供应、通信、交通、供水等系统的总称，这些系统相互独立又相互依赖、相互制约。生命线工程受损是引发地震次生火灾的直接原因。

如果能源供应系统因震被破坏，会引发燃油或燃气泄漏。遇到明火或电火花，就会剧烈燃烧，引发火灾。供电系统因地震断电后，匆忙再次供电，电气线路短路产生的电火花，容易成为生活用火之外地震次生火灾的点火源。

此外，由于供水、供电系统遭到破坏，建筑物内的自动报警系统、自动喷水灭火系统、消火栓系统、防排烟系统等主动防火系统失效，不能及时探测报警、扑救初期火情，从而加大发生火灾的风险。

068. 震后引发火灾的常见原因有哪些？

相比较而言，1976年的唐山7.8级地震，次生火灾并没有造成巨大的损失。主要原因是，当时煤气使用有限，煤气管道没有形成网络，电器和电线网络不普及；唐山地震发生在凌晨3时多，用火较少，而且唐山地震的第二天天降大雨。即便如此，这次地震在唐山市仍至少造成5起大型火灾；在100多千米外的天津，至少引起了38起火灾，造成经济损失超过百万元，由此可见地震次生灾害的多发和可怕。

震后引发火灾，除了和人们缺乏防火知识，思想麻痹，用火不慎有关之外，有很大一部分原因是地震突发。根据对多次地震灾害的研究，引发次生火灾的主要原因有如下几种。

生活用燃气泄漏。目前，城市居民生活燃料主要是燃气，正常情况下不会有危险。一旦发生地震，强烈晃动可能会造成建筑物破坏或倒塌，也可能使燃气管道改变位置。若阀门处于打开状态，连接胶管被扯断，则燃气会经导管直接喷出，很快会充满附近的封闭空间，这时偶然的火花就会酿成火灾，有时甚至会发生爆炸。日本阪神地震火灾大部分发生在地震后的几天内，一个重要原因是地震时正值用火高峰期，震后未能及时关闭阀门，导致燃气泄漏，人们又急于恢复供电，合闸后打出的电火花引发火灾。

正在使用的炉具破坏引起。地震震动会导致炉具倾倒、损坏，火苗蹿出炉膛，引起火灾。这种火灾在以往用煤做饭和取暖的时代更为常见。例如，1976年唐山地震时，宁河县芦台镇一居民户由于房屋倒塌打翻炉火而引起火灾，三间房屋全部被烧光，全家三口人无一幸免。

电气设施损坏引起。强烈地震时，电气线路和设备都有可能受损或产生故障，有时还会发生电弧，引起易燃物质的燃烧，产生火灾。例如，1976年唐山地震时，距震中40余千米的一个变电所，一台重达60吨的主变压器从台上滑下，外引线将套管拉裂，变压器油当即喷出。由于蓄电池全部倾倒，继电保护失去作用，引线受震强烈摆动，造成短路，打出弧光，引燃喷出的变压器油，将变压器烧毁，引起了火灾。

化学制剂的化学反应引起。化验室、实验室、化学仓库里的化学品剂品种多、性质复杂。强烈地震时，各种品剂产生碰撞或掉在地上，容器或包装被破坏，化学品剂脱出或流出。有的在空气中可自燃，有些性质不同的品剂混溶会产生化学反应，引起燃烧或爆炸。例如，唐山地震时，天津市某研究所实验室中的金属钠瓶被砸坏，钠自燃引起火灾，将办公楼和部分仪器设备烧毁。

易燃易爆物质的爆炸和燃烧。易燃易爆物质主要有天然气、煤制气、沼气、乙炔气、石油类产品、酒类产品、火柴、弹药等。地震时，盛装上列物品的容器可能损坏，导致物品脱出或泄出，如遇火源，即可起火。有些物质，例如火柴、弹药怕碰倾，地震时的撞击和摩擦，可导致这些物品产生爆炸和燃烧。有些液体，如石油，地震时油管或容器的损坏会导致液体的高速流动，产生很强烈的静电，在喷入空间时，与某种接地体之间会形成很高的电位差，引起集中放电，引燃液体，形成爆炸。该类火灾往往规模大，损失严重。比如，1999年的土耳其大地震，引起了该国最大的石油冶炼企业蒂普拉什联合炼油公司发生大火，并导致了连锁大爆炸，造成的直接经济损失高达50亿美元，引起该国油料的严重短缺，相关工业陷入瘫痪，其间接损失更是难以估量。

069. 为什么地震次生火灾容易造成严重的损失？

历史上，地震次生火灾的记录很多。震害数据表明，地震次生火灾造成的损失有时甚至比地震本身所造成的损失更惨重，如 1906 年的美国旧金山大地震和 1923 年的日本关东大地震所引发的震后火灾是人类历史上和平时期最大的城市火灾。

1906 年 4 月 18 日凌晨发生的旧金山 7.8 级大地震，是美国历史上最具毁灭性的大地震，造成 3000 多人死亡，超过 22.5 万人受伤。火灾发生后，因为供水系统遭到破坏，消防设施无法正常工作，大火无法得到扑救，持续燃烧了三天三夜，最后通过炸开一条防火带，才控制了火势。最终，大火烧毁了 521 个街区中的 508 个，烧毁房屋 2.8 万余栋，火灾造成的损失比地震本身造成的直接损失大 10 倍。

而 1923 年 9 月 1 日发生的日本关东 7.9 级大地震引发的火灾，所造成的损失更为惨重。因为火灾爆发时正是做午饭的时间，各处都在用火。震后，多处火源失控。据统计，有约 227 起火灾发生，其中 133 起发生蔓延。而且地震发生时，气候干燥炎热，风速较高，火势发展迅速。同时，因为供水管道在地震中受损严重，街道又被房屋倒塌后的废墟堵塞，消防车因而受阻等，火势无法控制，最后演变成了空前大火，连续烧了几天，造成了约 14 万人死亡和 44.7 万幢房屋破坏，东京市区约 2/3 被烧毁；在横滨，约 80% 的破坏是火灾引起的。

地震次生火灾造成严重的损失，与城市的快速发展有着密切的关系。

随着城市化进程的加快，房屋密度和城市人口密度大幅度提高，易燃易爆的煤气设施普及到各个民居，电线网络的密布和电器等的普遍使用等因素，使得地震火灾的爆发概率大幅增加，大城市情况将更加严峻。而且震后，往往会造成生命线工程，如供水、供电、通信等设施的破坏以及消防设施的破坏，造成救火比平时困难，影响消防能力的发挥，从而造成严重的损失。

随着现代工业的发展，加工、使用、经营、运输、存储易燃易爆物品的单位和场所越来越多，如石油化工厂、加油站、液化气站等在城市中星罗棋布。这些拥有易燃易爆物品的企业不仅在数量上越来越多，而且在规模上也越来越大。这些都将使得地震引发的次生火灾的规模越来越大，损失也越来越严重。

070. 为什么说地震次生火灾具有复杂性？

地震次生火灾的复杂性表现在多方面。次生火灾不仅突然发生，而且往往在某一区域内多处同时起火，在一定范围内形成了复杂的火灾局面。震后火灾常常会在不受控制的情况下（消防力大大削弱）大面积蔓延，其蔓延方式同日常火灾有显著的差异，主要有火焰直接接触蔓延、热辐射蔓延、烟气羽流蔓延和远距离的飞火蔓延。

另外，强烈的震动会使建筑物发生较大的层间偏移，出现墙壁开缝、防火门和电梯门扭曲、空调通风暖气管道破裂等，使得室内的火焰和热烟气很容易透过这些缝口进行层间蔓延。此外，建筑外墙窗口的震裂无疑为火灾在建筑之间的蔓延打开了门户。地震之后，安置在建筑物内部的各种防灭火保护系统（包括自动喷淋设备、烟雾探测器、自动报警系统、防火墙和防火门等）遭到了不同程度的损坏，丧失了其应有的功能，助长了火焰与烟气的蔓延。

临时匆忙组织扑救本来困难就较大，再加上地震在短时间内造成了地形、地貌的巨大变化和建筑物大量倒塌、桥梁基本损坏、道路大多堵塞，形成了特殊、复杂的火灾现场，在这种灾害现场抢险救火会遭遇不同寻常的困难。

由于地震对火灾扑救所需设施的破坏，用于救火的水源、照明、通信设施等都可能成为问题，这加剧了火灾扑救的复杂性，所以地震次生火灾所造成的危害往往要比普通火灾大得多。

071. 旧城区的老旧房屋为何容易成为地震次生火灾的重灾区？

很多城市都保留着老旧城区。老旧城区多存在老旧房屋，这些老旧房屋连接成片，房屋之间间隔小，居住的人口数量多、密度大。居民区分布着大量易燃物，如家具、衣物等，特别是大都有生活用燃气源、燃气炉灶等。地震时，这些老旧民房最容易发生破坏或倒塌，使得易燃物品发生损坏和得到暴露，如果遇到明火，这些易燃的火灾源立即会被点燃，酿成火灾。

由于这类房屋连片存在，很容易使火势蔓延，难以控制，而且可能多处同时起火，使消防部门应接不暇，再加上这些老旧民房区的道路一般都较狭窄，房屋与房屋间距很小，有的甚至仅能单人通过，防火通道不畅，有的甚至根本没有防火通道，故地震时可能造成大片房屋破坏或倒塌，使本来就狭窄的道路被堵塞，消防车和救护人员难以通行，很难接近火灾现场，从而增加了救火难度，使火灾更加难以控制。

老旧城区存在消防安全隐患的现象比较普遍。很多老旧小区物业管理不到位，导致消防设施、器材丢失、损坏严重，未设置消防设施或虽已设置但处于故障、瘫痪状态；部分小区院内的消防通道停满车辆，一旦发生火灾等事故，消防车难以开进小区；部分老旧小区存在电线乱拉乱接现象，楼道杂物多且乱，地震后不仅容易引发火灾，还影响人员疏散。

国内外多次地震震害表明，这些住宅区是最易发生地震次生火灾的地区，也是最难控制火势蔓延的地区，因而造成的经济损失也最为惨重，有时还可能造成严重的人员伤亡。

072. 商场、娱乐场所为何容易成为地震次生灾害的重灾区？

城市里都有商场和娱乐场所，这些地方的可燃物品较多，如商场内的化纤织物、布料等，娱乐场所内的帷幕、窗帘、沙发等，都属于易燃物质，一旦引燃，会造成火灾的蔓延扩大。有些商场、娱乐场所的装修多使用易燃有毒材料，很少做防火阻燃处理，一旦发生火灾，将产生有毒烟气，使人很快失去知觉，失去逃生能力。以往在这些场所内发生的火灾的教训是深刻的。

现代商场并不只有单纯的购物功能，而是集购物、餐饮、娱乐、办公于一体的多功能综合性建筑，火灾危险性大大增加。这些场所一般营业面积较大，内部由垂直电梯、手扶梯、楼梯等上下连通，如无可靠的防火分隔措施，当火灾发生后，初期阶段是扑灭火灾的最佳时段，一旦火情蔓延开来，会形成立体燃烧，火势迅猛，将给救灾和避难造成极大困难。

大型商场、娱乐场所的电气设备多、线路复杂，消防设施不一定完备并处于正常状态，内部布局和防火分隔不合理，疏散标志不明显，应急照明不完备，人员疏散通道不足且容易阻塞等。这些问题是这类场所的普遍问题，也是重大的火灾安全隐患。

商场、娱乐场所往往人员密度大，且很多人对现场环境不是很熟悉，无序流动性强，处于无组织状态，发生地震火灾时疏散困难，秩序混乱，争相逃难，相互践踏，极易造成间接人员伤亡。

073. 如何理解加强消防规划可减少地震次生火灾的发生？

要预防并减少城市地震次生火灾的发生，必须从城市基础设施建设入手，从城市的规划和建筑设防标准着手，采取综合措施。

要将消防站的布局、消防力量的安排、消火栓的设置和城市道路布置等消防规划内容同抗震防灾规划有机结合，从地震火灾预防的角度进行检查论证，并做出必要的调整。比如，消防站应布置在城市责任区适当地点，与周围建筑保持一定的防护距离，这主要是为了防止震后其他房屋倒塌损坏消防站建筑和技术装备，保证消防站本身安全。消防站内的车库、通信站、值勤宿舍及训练塔等建筑物，要按适当高于地震基本烈度的标准进行抗震设计，防止地震造成营房倒塌，影响灭火救援。

提高房屋建筑的抗震、防火能力也是一个非常重要的方面。地震造成的房屋建筑破坏，虽不会直接导致地震次生火灾的发生，但却是火灾发生蔓延的载体。因此，对房屋建筑进行严格的抗震设防，选用耐火等级高、不燃及导热性差的建筑构件，提高建筑物的耐火等级，加强包括自动报警系统、自动喷水灭火系统、消火栓系统、防排烟系统、消防电梯、室内消防给水系统等在内的主动防火设施以及包括防火间距、防火分区、防火涂料等在内的被动防火设施建设，是提高房屋建筑防御次生火灾能力的最有效措施。

074. 怎样提高生命线工程预防地震次生火灾的能力？

基于生命线工程在现代城市中的重要作用，与消防密切相关的燃油或燃气管道、市政消防供水管网、供电系统、通信设施、城市交通系统等更应加强其抗震能力。按照抗震设防等级标准的要求，生命线工程属于重点设防类建筑，应按高于本地区抗震设防烈度的要求加强抗震措施。

在多震地区或高烈度设防区，应对燃气管道、燃气储罐、原油储罐，采取防震、防砸、防泄漏措施，并且还要注意与建筑物、构筑物或相邻管道之间保持一定的防火间距；城市燃气管道宜采用钢管，且宜铺设在管沟内，采取相应的防静电措施；在居民区进气总管及入户进气支管上，应设置"震撼自动关闭阀"，做到地震时自动切断气源。燃气管道应在住宅内穿墙处或与墙壁连接处采取柔性构造缓冲处理，在转角处采用可伸缩弯曲变形的弹性管相连接，以适应地震造成的较大变形或位移，避免因燃气管道折断、破裂而造成燃气泄漏。

易燃易爆品储罐的基础应坚实，以防止地震时出现的不均匀下沉造成罐体破裂，引起火灾或爆炸，应按当地地震基本烈度提高一度进行设防。对已建的罐，在罐底圈壁上加二至三圈钢筋箍带进行加固处理，以减小塑性变形。

油库、油站等建筑物、设备要进行严格的抗震设防和可靠的地基处理，架空管道采取防下滑措施。

为了防止大地震中供水系统发生破坏，造成供水压力不足或丧失供水能力，从而影响灭火救援，给水管道应采用钢管、灰口铸铁管、预应力混凝土管等强度高、延性好的韧性管材；在管道接口处应采用柔性接头，以吸收更多的场地应变能量。

此外，因较大的管道刚度可以抑制周围的土壤变形，故应尽可能选用大管径管道，以降低土壤变形的危害。

城市的供电、变电系统，除建筑物的抗震等级必须满足规范要求外，其电气线路和设备必须采用防护措施，对设备采取防移动、防松动、防破裂、防短路等措施，建筑内的电气设备、照明灯具、电气线路布置也要考虑防止地震中建筑物的震动、变形、位移等导致短路引发火灾事故的因素。

为确保震后城市道路畅通，减少避难人群造成的街道堵塞，应增设城市绿化带和防火隔离带；城市绿化带不仅可以美化城市，而且在地震发生时可以作为疏散场地，起到防火隔离带的作用。此外，还应将广场喷泉、公园水池、鱼池和人工湖等作为震后消防水源。

075. 如何保证地震区消防水源在关键时刻发挥作用？

消防水源是指开展消防工作时所需要的水源，一般有天然水源和人工水源两种。

由地理条件自然形成的，可供灭火时取水的水源，称为天然水源，如江河、海洋、湖泊、池塘、溪沟等处的水源。城市或工厂等单位出于生产、生活和消防安全的需要而设置的能够储存、提供灭火用水的设施，称为人工水源设施。人工水源设施按其形式和储存、提供灭火用水的方式主要分为室外消防给水管道、室内外消火栓和消防水池三类。

市政给水管网是建筑小区的主要消防水源。它通过两种方式提供消防用水：一是通过其上设置的消火栓（市政消火栓）为消防车等消防设备提供消防用水；二是通过建筑物的进水管，为该建筑物提供室内外消防用水。

强烈地震引发火灾时，往往因为城市供水管道破裂，消火栓内没有水源，而使消防队无法开展灭火救援活动。因此，在地震区，不仅要对城市供水管道进行抗震设计，而且必须预备一定的消防水源。

为了在平时和震后都能尽量充分发挥作用，消火栓的设置应该科学合理。消防水池的设置也要注意满足多方面的要求。在地震区，要有计划地增加消防水池数量，并充分利用天然水源。在公园、校园、其他大型公共场所及地下建筑内设置一定的消防水池。

076. 高层楼房居民如何在地震次生火灾 中顺利逃生？

改革开放以来，城市建造了许多高层建筑。这些高层建筑往往都具有现代化、大型化、多功能化等特点，在其设计施工标准中，都有一定的防火要求。由于高层建筑楼层多，功能复杂，设备繁多，可燃物多，故容易形成较大的火灾危险。一旦发生火灾，救火人员、疏散人员、抢险救灾人员等会遇到很大的困难。

地震发生时，在强烈摇晃下，其结构有可能遭到破坏。一旦发生火灾，高层建筑内的竖井，如电梯间、管道井、电缆井等因拔气作用会形成烟囱效应，一方面会加剧火势，另一方面会成为烟雾的蔓延通道，给居民逃生造成困难。

普通居民对以上危险因素应事先做好准备，以便地震时正确应对，在火灾中顺利逃生。

排除障碍，保证居室出口、逃生楼梯在紧急状态下畅通，是高层楼房应对地震和火灾应长期关注的问题。当走廊、楼梯不能通行时，可以试着从阳台设法逃到邻居家，再逃到安全的地方。

地震时高层居民楼内摇晃得越厉害，到室外避难的人就越多。但此时电梯却不能使用，很多行动不便的老年人会聚集在楼道里。此时若发生火灾，非常容易造成重大人员伤亡。因此，居民在平时应该建立应急互助组织，并经常进行防灾演习，以便在地震和火灾发生时的危急时刻，帮助行动不便的人迅速有序撤离到楼外避难。

077. 震后被疏散安置的居民应该怎样防火？

　　地震次生火灾是在特定的条件下发生的，它比普通火灾更危险，更难防范，更难控制和扑救。但是只要我们从源头入手，坚持平时和灾时相结合的原则，采取科学有效的防范措施，就可以有效减少地震次生火灾的发生，将灾害损失降到最低程度。

　　破坏性地震发生后，被疏散的居民可能要住在临时搭建的帐篷里，或者住在简易防震棚里，防震棚大多是用芦席、油毡、木棍、塑料布等简易材料搭建，稍有不慎就会引发火灾，甚至造成"火烧连营"。

　　在搭建帐篷或防震棚时，帐篷与帐篷、防震棚与防震棚之间要保持一定的距离，留出一定的消防通道；帐篷或防震棚内的电线要由专业电工统一安装；最好每家每户都配备灭火器；至少每户都应准备防火沙箱和水桶等简易灭火设施；同时，要组织居民志愿者成立消防队，负责日常的巡逻检查，及时消除火灾隐患，扑救初期火灾。除了加强用火用电管理，做好救援物资储备，还要大力普及地震消防常识，将宣传防震减灾知识和消防知识有机地结合起来，使民众了解和掌握震前、震时、震后的防震、避震知识和火灾自防自救知识。

078. 如何扑救地震次生火灾更有效？

　　在平时要充分做好地震火灾的预防工作。一旦发生地震次生火灾，要采取积极有效的灭火措施。

　　认真宣传和学习地震消防知识，知道如何努力将地震次生

火灾扑灭在初期阶段。地震发生时,有三次关闭火源的最佳机会:

在大的晃动来临之前,刚刚发生小的晃动之时,即使发生很小的地震,也要养成关火的习惯;

在大的晃动暂时停息的时候努力去关火——发生大的晃动时,因放在炉灶上的水壶、汤锅等容易滑落,热汤、热水容易溅出,造成烫伤,所以要等晃动停止再采取行动;

在着火之后,在初期火势不大时,利用水或灭火器将其扑灭。

如果火势越来越大,有失控的趋势,靠自己的力量不能立即扑灭,就要考虑在保护自身安全的前提下,尽快避险。

079. 为什么要制定行之有效的地震次生火灾应对预案?

地震次生火灾不同于平时发生的火灾,其特点是着火因素多、火灾扑救难、救援任务重、余震威胁大等。由于次生火灾的特殊性,扑救受灾害现场种种条件的限制,势必难以奏效,因而,平时必须要做好足够的准备,必须制定切实可行、行之有效的救灾预案。

一旦发生地震灾害,多种次生灾害可能同时爆发,地震次生火灾扑救现场也是其他灾种的急救现场,所以在制定救灾预案时,必须统筹兼顾多灾种。

扑救地震次生火灾的预案,只是地震灾害救援总体预案中的一个子预案。因而制订扑救地震次生火灾对策时,要同时考虑灭火、救护、抢险等救灾行动,将扑救地震次生火灾措施和计划放到地震应急预案中一并考虑,从而制订出联合救灾行动方案。在拟定具体消防扑救措施时，同样要注重将其融入地震灾害的总体应急救援措施之中。

080. 如何带领孩子做好应对地震次生火灾的准备工作？

告诉孩子，在有烟雾的时候，怎样弯腰低身安全逃生。

告诉他们，在打开一扇门前应进行判断——如果门的温度较低，慢慢打开它；如果门的温度很高，就要考虑找其他的逃生出口。

要教会他们，如果他们不能安全地逃出去，怎样将床单悬挂在窗外，以便消防员发现他们。

本人身上着火时，和孩子一起练习"停下，趴下，打滚"。告诉他们，跑动只会使火焰蔓延得更加迅速。

选择一个外面的应急集合地点，比如一棵树、街角或者花坛处。确保与热浪、烟和火焰保持安全距离。告诉孩子们，如果发生火灾就直接去集合地点。这种方法可以帮你很快了解到每个人是否都已安全逃出。

确保孩子们知道，他们一旦到了外面，就要在安全的地方待着。孩子们往往会担心他们宠物的安危，所以应提前考虑并与孩子们讨论出现这种情况时如何做。

寻找两条不同的道路从各个房间逃出，并在白天与晚上分别进行练习。在你的"家庭逃生计划"中列举这些路线。如果你有逃生用的梯子或安全绳，让孩子们知道它在哪并且了解怎样使用它。

一年至少根据"家庭逃生计划"进行两次演练，每半年检验一下孩子们的逃生能力，这样就能确保他们记住应该做什么并且知道在哪里集合。

在家中房屋的每一层都安装好烟雾报警器，特别是在卧室附近。每月都应该对它们进行清理与检查，并至少每年更换一次电池。确保你的孩子们知道烟雾报警器的报警声音。

081. 家庭如何选择和配备灭火器？

灭火器是最常用的可携带的灭火工具，存放在公众场所、家庭或其他可能发生火灾的地方。不同种类的灭火器内装填的成分不一样，是专为不同类型的火灾准备的。按所充装的灭火剂的不同，常见的灭火器可分为泡沫、干粉、二氧化碳等灭火器。

发现火情时，必须注意，不能不加选择地随便使用灭火器！否则，不但不能灭火，还可能产生相反的效果，甚至引发危险。

扑救固体火灾时要用泡沫灭火器。泡沫灭火器喷出的是一种体积较小、比重较轻的泡沫群，将燃烧物与空气隔开，达到窒息灭火的目的。因此，它最适用于扑救木材、棉、麻、纸张等固体火灾。

使用泡沫灭火器时，将筒体颠倒过来，一只手紧握提环，另一只手扶住筒体的底圈，将射流对准燃烧物喷出。必须注意的是，不可将筒底、筒盖对着人体，以防万一发生爆炸时伤人。

带电设备的火灾可用干粉灭火器。干粉灭火器是以二氧化碳为动力将粉末喷出扑救火灾的。筒内的干粉是一种细而轻的泡沫，能覆盖在燃烧的物体上，隔绝燃烧体与空气，达到灭火的目的。因为干粉不导电，又无毒，无腐蚀作用，因而可用于扑救带电设备的火灾，也可用于扑救贵重物品、档案资料等燃烧体的火灾。

使用干粉灭火器时，首先要拆除铅封，拔掉安全销，手提灭火器喷射体，用力紧握压把启开阀门，储存在钢瓶内的干粉就会从喷嘴猛力喷出。

贵重仪器设备、图书资料火灾可用二氧化碳灭火器。二氧化碳灭火器是利用其内部所充装的高压液态二氧化碳灭火的。由于二氧化碳灭火剂具有绝缘性好、灭火后不留痕迹的特点，因此，适用于扑救贵重仪器设备、图书资料等的初起火灾。二氧化碳灭火器的使用方法很简单，只要一手拿好喇叭筒对准火源，另一只手打开开关，就可以使用了。

灭火器具是一种平时往往被人冷落，急需时大显身手的消防必备之物。家庭火灾一般都是小火时没有及时救，导致小火变大灾，造成不可挽回的巨大损失。一般家庭一定要配置灭火器，可选择干粉灭火器，最好厨房和居室各配备一个2千克级别的灭火器，以防患于未然。

082. 地震为什么能引起滑坡？

滑坡是指斜坡上的土体或者岩体，受河流冲刷、地下水活动、地震及人工切坡等因素影响，在重力作用下，沿着一定的软弱面或者软弱带，整体地或者分散地顺坡向下滑动的自然现象。地震滑坡是指地震震动引起岩体或土体沿一个缓倾面剪切滑移一定距离的现象。

产生滑坡的基本条件是：斜坡体前有滑动空间，两侧有切割面。汶川及芦山地震灾区，地处西南丘陵山区，地形地貌特征是山体众多，山势陡峻，沟谷河流遍布山体之中，与之相互切割，具有众多滑动斜坡体和切割面。地震的强烈作用使斜坡土石的内部结构发生破坏和变化，原有的结构面张裂、松弛，加上地下水也有较大变化，特别是地下水位的突然升高或降低，对斜坡稳定很不利。另外，地震还伴随着上千次余震，在地震力的反复震动冲击下，斜坡土石体就更容易发生变形，最后就会发展成滑坡。因此，震后会引发这些地区持续不断的山体滑坡。

083. 怎样判定滑坡是否即将发生？

由于自然界的地质条件和作用因素复杂，各种工程分类的目的和要求又不尽相同，因而可从体积、滑动速度、滑坡体厚度、规模、力学条件等不同角度对滑坡进行分类。不同类型、不同性质、不同特点的滑坡，在滑动之前，都会表现出不同的异常现象，显示出滑坡的征兆。

大滑动之前，在滑坡前缘坡脚处，可能出现堵塞多年的泉水复活现象，或者出现泉水（水井）突然干枯、井（钻孔）水位突变等类似的异常现象。

在滑坡体中、前部出现横向及纵向放射状裂缝。它反映了滑坡体向前推挤并受到阻碍，已进入临滑状态。

大滑动之前，在滑坡体前缘坡脚处，土体出现上隆（凸起）现象。这是滑坡向前推挤的明显迹象。

大滑动之前，有岩石开裂或被剪切挤压的声响，这种迹象反映了深部变形与破裂。动物对此十分敏感，有异常反应。

滑动之前，滑坡体四周岩体（土体）会出现小型坍塌和松弛现象。

如果在滑坡体上有长期位移观测资料，那么大滑动之前，无论是水平位移量还是垂直位移量，均会出现加速变化的趋势，这是明显的临滑迹象。

滑坡后缘的裂缝急剧扩展，并从裂缝中冒出热气（或冷风），等等。

在野外，从宏观角度观察滑坡体，可以根据一些外表迹象和特征，粗略地判断它的稳定性如何。

已稳定的堆积层老滑坡体有以下特征：后壁较高，长满了树木，找不到擦痕，且十分稳定；滑坡平台宽、大，且已夷平，土体密实，无沉陷现象；滑坡前缘的斜坡面较缓，土体密实，长满树木，无松散坍塌现象，前缘迎河部分有被河水冲刷过的迹象；前缘迎河部分已远离滑坡舌部，甚至在舌部外已有漫滩、阶地分布；滑坡体两侧的自然冲刷沟切割很深，甚至已达基岩；滑坡体舌部的坡脚有清晰的泉水流出，等等。

不稳定的滑坡常具有下列迹象：滑坡体表面总体坡度较大，而且延伸较长，坡面高低不平；有滑坡平台，面积不大，且有向下缓倾和未夷平现象；滑坡表面有泉水、湿地，且有新生冲沟；滑坡体表面有不均匀沉陷的局部平台，参差不齐；滑坡前缘土石松散，小型坍塌时有发生，并面临河水冲刷的危险；滑坡体上没有巨大的直立树木。

需要指出的是，以上标志只是一般而言，较为准确的判断，还需进一步的观察和研究。

084. 防治滑坡应采取哪些措施？

除了充分认识滑坡的危害，努力识别和判断滑坡，积极做好必要的防范和滑坡前的准备工作也是非常必要的。

在建房、修路、整地、挖砂采石、取土过程中，不能随意开挖坡脚，特别是不要在房前屋后随意开挖坡脚。如果必须开挖，应事先向专业技术人员咨询，征得其同意后，或在技术人员的现场指导下，方能开挖。坡脚开挖后，应根据需要砌筑维持边坡稳定的挡墙，墙体上要留足排水孔；当坡体为黏性土时，还应在排水孔内侧设置反滤层，以保证排水孔不被阻塞，充分发挥排水功效。

采矿、采石、修路、挖塘过程中形成的废石、废土，不能随意顺坡堆放，特别是不能在房屋的上方斜坡地段堆弃废土。当废弃土石量较大时，必须设置专门的堆弃场地。较理想的处理方法是：把废土、废石堆放与整地造田结合起来，使废土、废石得到合理利用。

水对滑坡的影响十分显著。日常生产、生活中，要防止农田灌溉、乡镇企业生产、居民生活引水渠道的渗漏。尤其是渠道经过土质山坡时，更要避免渠水渗漏。一旦发现渠道渗漏，应立即停水修复。生产、生活中产生的废水要合理排放，不要让废水四处漫流，或在低洼处积水成塘。面对村庄的山坡上方最好不要修建水塘，降雨形成的积水，应及时排干。

085. 如何主动治理滑坡？

滑坡的防治要贯彻"及早发现，预防为主；查明情况，综合治理；力求根治，不留后患"的原则。结合边坡失稳的因素和滑坡形成的内外部条件，治理滑坡可以从以下两个大的方面着手。

消除和减轻地表水和地下水的危害。滑坡的发生常和水的作用有密切的关系，水的作用往往是引起滑坡的主要因素。因此，消除和减轻水对边坡的危害尤其重要。为防止外围地表水进入滑坡区，可在滑坡边界修截水沟；在滑坡区内，可在坡面修筑排水沟。在覆盖层上可用浆砌片石或人造植被铺盖，以防止地表水下渗。对于岩质边坡，还可喷混凝土护面或挂钢筋网喷混凝土。

改善边坡岩土体的力学强度。采用降低坡高、放缓坡角和边坡人工加固等工程技术措施，改善边坡岩土体的力学强度，提高其抗滑力，减小滑动力，增强边坡的稳定性。

为了避免突然滑坡造成巨大的损失，还应及时检查处于潜在滑坡区的房屋及周围物体的变化：检查房屋地下室的墙上是否存有裂缝、裂纹，观察房屋周围的电线杆是否有向一方倾斜的现象，查看房屋附近的柏油马路是否已发生变形。

如果出现上述现象，就要加密观察，认真核实，做到未雨绸缪、有备无患。

震后要及时进行滑坡监测和预报。要采用多种监测手段，实现对滑坡活动的动态监测和预报。此外，还应禁止在滑坡体上建设建筑物。对于某些治理不经济，或由于其他原因不能实施治理的滑坡点，可进行搬迁，将居民异地安置。

086. 地震为什么会引发泥石流？

泥石流是山区沟谷中，由暴雨、冰雪融水等水源激发的，含有大量的泥沙、石块的特殊洪流。其往往突然暴发，浑浊的流体沿着陡峻的山沟前推后拥，奔腾咆哮而下，在很短时间内将大量泥沙、石块冲出沟外，在宽阔的堆积区漫流堆积。地震泥石流是指地震震动诱发的水、泥、石块混合物顺坡急速向下流动的混杂体。

泥石流的形成必须同时具备三个条件。

首先，必须要有水源存在，沟谷的中、上游区域有暴雨洪水或冰雪融水，可提供充足的水源。

其次，要有丰富的、松散的固体物质。

再次，要产生流动，流域内沟谷落差较大，蕴藏着丰富的重力势能。

地震产生的大量崩塌、滑坡直接为泥石流活动提供丰富的松散固体物质，并且地震造成大量坡体失稳和岩体破坏，使这些泥石流可能会在震后较长一段时间内处于活动状态，泥石流暴发规模和频率将显著增加，危害灾区人民生命财产安全。因此，必须提高警惕，严加防范。

087. 如何防范泥石流？

防范泥石流，主要注意以下几点。

首先，要努力改善生态环境。泥石流的产生和活动程度与生态环境有密切关系。一般来说，生态环境好的区域，泥石流发生的频度低、影响范围小；生态环境差的区域，泥石流发生频度高、危害范围大。在村庄附近营造一定规模的防护林，提高小流域植被覆盖率，不仅可以抑制泥石流形成，降低泥石流发生频率，而且即使发生泥石流，也多了一道保护生命财产安全的屏障。

房屋尽量不要建在沟口、沟道上。受自然条件限制，很多村庄建在山麓扇形地上。山麓扇形地是历史泥石流活动的见证，从长远来看，山区的绝大多数沟谷今后都有发生泥石流的可能。因此，在村庄规划建设过程中，房屋不能占据泄水沟道，也不宜离沟岸过近；已经占据沟道的房屋，应迁移到安全地带。在沟道两侧修筑防护堤和营造防护林，可以避免或减轻因泥石流溢出沟槽而对两岸居民造成的伤害。

不能把冲沟当作垃圾排放场。在冲沟中随意弃土、弃渣、堆放垃圾，将给泥石流的发生提供固体物源，促进泥石流的活动。当弃土、弃渣量很大时，可能在沟谷中形成堆积坝，堆积坝溃决时必然发生泥石流。因此，在雨季到来之前，最好能主动清除沟道中的障碍物，保证沟道有良好的泄洪能力。

为达到最佳治理效果，可采取工程、生物、预警、行政等措施对泥石流进行抑制、疏导、局部避让等综合措施。在泥石流发生前，采取预防措施；发生过程中，采取警报措施，并对危害源保护对象采取临时加固、撤离等措施。除此之外，还应做好相应的监测和预报工作，把灾害的损失降到最低。

泥石流多发区居民，要注意自己的生活环境，熟悉逃生路线。要注意政府部门的预警和泥石流的发生前兆，在灾害发生前互相通知、及时准备。

088. 滑坡和泥石流与地震强度有什么关系?

地震滑坡和泥石流的活动与地震震级、烈度具有明显的关系。根据以往的强震调查统计,滑坡和泥石流多发生在Ⅶ度及以上地区。仅在特殊情况下,Ⅵ度区才发生滑坡和崩塌。

一般来说,5级左右的地震可以诱发滑坡和泥石流。5级地震诱发滑坡和泥石流的区域可达100多平方千米,8级以上的地震诱发的滑坡和泥石流的区域可达几万平方千米。在相同条件下,地震震级越大,诱发滑坡和泥石流的面积也越大。

089. 如何认识地震海啸?

2004年12月26日早晨,人们还沉浸在圣诞节的欢乐气氛中,印度洋发生了近40年来最强烈的地震。刹那间,8.9级的大地震引发的大海啸扑向印度洋沿岸十几个国家。数米至数十米高的海浪先后涌向印度尼西亚、泰国、斯里兰卡、马尔代夫、印度等国,甚至远在4500千米外的非洲东岸,也遭到了海啸的侵袭。顷刻间,村庄和城市被夷为平地,浑浊的海水中漂浮着遇难者的尸体。昔日迷人的旅游胜地一片狼藉,哀鸿遍野,满目疮痍,近30万人死亡……地震引发的海啸灾害再次引发了人们的关注。

由海底或海边地震,以及火山爆发所形成的巨浪,叫作地震海啸。"地震海啸"发生在辽阔的海洋中,海啸波涛长达数百千米,并可达到海底数百千米深处。它以民航飞机的速度在海洋中运动。当它遇到陆地时,会产生巨大破坏力。毁灭性的地震海啸，全世界大约每年发生一次，尤其是最近十几年发生的地震海啸，破坏性极大。

090. 如何判断海啸即将发生？

通常 6.5 级以上且震源深度较浅的地震发生后，才可能发生破坏性的地震海啸。产生灾难性的海啸，震级则要有 8 级以上。

海啸发生前，有一些非常明显的宏观前兆现象，在海边生活、工作或旅游的人们应该警惕这些现象。

海水异常暴退或暴涨。海底发生地震时，海底地形急剧升降变动，会引起海水强烈震动，从而形成海啸。若地震引起海底地壳大范围的急剧下陷，海水首先向突然下陷的空间涌去，就会出现突然的退潮现象；反之，会出现突然的涨潮现象。

离海岸不远的浅海区，海面突然变成白色，其前方出现一道长长的明亮的水墙。

位于浅海区的船只突然剧烈地上下颠簸。

突然从海上传来异常的巨大响声。

091. 如何预防和应对海啸？

海啸所带来的灾难如此深重，沿海城市有必要采取相应的措施来预防和应对。

最好建立海啸预警中心。海啸的传播速度比地震波要慢得多，而且越靠近海边，速度越慢。在远处，地震波要比海啸早到达数十分钟乃至数小时。2004 年印度洋海啸发生时，若沿岸国家拥有海啸预警中心，就不会造成那么大的损失。所以，沿海地区建立海啸预警中心，可提前做出响应，从而大大减轻海啸所带来的人员伤亡和损失。

红树林是成本最低的"海啸预防方案"。红树林是生长在热带海岸的一种密矮树丛，由于根系发达，它可以固定沙壤，在沿海地区和咆哮的海浪之间形成一道天然屏障。即使无法完全抵御破坏性的海啸，它也能挡住汹涌的海浪，为当地政府做好疏散工作赢得宝贵的时间。目前，红树林保护工程已成为各沿海国家、地区的研究重点。

当我们知道海啸即将来临时，应立即切断电源、关闭燃气。即使没有感觉到明显的震动，也要立即离开海岸、江河入海口，快速到高地等安全处避难。

注意广播、电视和网络信息，在没有解除海啸警报之前，勿靠近海岸、江河入海口。

海啸前海水异常退去时，往往会把鱼虾等许多海生动物留在浅滩上，场面蔚为壮观，此时千万不要去捡鱼或看热闹，而应当迅速离开海岸，向内陆高处转移。

七 如何预防震后常见传染病

092. 为什么地震后容易流行传染病？

"大灾之后有大疫"是人们通常的总结，这句话是有一定道理的。地震后传染病容易流行的原因主要有以下几个。

地震往往导致灾区的水电供应出现问题，特别是饮水问题比较突出。因为得不到自来水供应，一些灾区群众往往选择平时不喝的类似井水、泉水甚至水库里的水等饮用。这些未进行杀菌处理的水容易导致人的感染。

露天宿营。地震后往往伴随着大的天气变化，灾区群众在灾后心态往往也比较紧张，综合作用下，人的免疫力相对比较差。

居住环境比较差。在一些灾区群众集中的避难场所，如果生活垃圾、粪便没有得到及时处理，则容易污染水源；同时，也容易滋生苍蝇等，造成细菌病毒传播。

人口密度突然加大，人员之间接触频繁，造成传染病迅速在人群之中传播。

可能带来的食物污染。灾区地震后往往没有充足的食物供应，一些灾区群众可能取食过期、被水泡过的食物等，这些食物往往已经变质或受到细菌污染；在避险地区，如食物保管不当，也容易被苍蝇等污染；餐具消毒不及时，也可能带来污染。

积水可能带来蚊虫的滋生。

一些动物在地震中死亡，尸体得不到及时处理，腐败后也容易带来污染。特别是温度相对较高，雨水又比较充足的季节，需要高度关注。

093. 地震后要预防哪些疾病?

地震是一种突发的自然灾害,震后生态环境和生活条件受到极大破坏,卫生基础设施损坏严重,供水设施遭到破坏,饮用水源会受到污染,这些是导致传染病发生的潜在因素。以下是地震后可能引发的病症。

肠道传染病,如霍乱、甲肝、伤寒、痢疾、感染性腹泻、肠炎等。

虫媒传染病,如乙脑、黑热病、疟疾等。

人畜共患病和自然疫源性疾病,如鼠疫、流行性出血热、炭疽、狂犬病等。

由皮肤破损引起的传染病,如破伤风、钩端螺旋体病等。

常见传染病,如流脑、麻疹、流感等呼吸道传染病等。

震后房屋倒塌,使食品、粮食受潮霉变、腐败变质,存在发生食物中毒的潜在危险。

094. 地震后如何预防传染病?

地震后应特别注意肠道类传染病、虫媒类传染病(由蚊子、虱子、跳蚤等传播的疾病)、经接触和土壤传播的疾病的预防。因此,地震灾区人员应具备一些基础的预防传染病的常识。

平时应注意饮水和饮食的卫生。用净水片或漂白粉消毒生活饮用水;不吃受潮霉变或腐败变质的食品,不喝生水,饭前便后洗手,不吃死亡的禽畜,不用脏水冲洗蔬菜水果。要及时消除生活垃圾,做好生活环境的消毒,处理好排泄物、垃圾。

预防疟疾、流行性乙型脑炎、黑热病等虫媒传染病，应采取灭蚊、防蚊和预防接种为主的综合措施。在受灾期间，主要应做好个人防护，避免被蚊虫叮咬，夜间露宿或夜间野外劳动时，暴露的皮肤最好涂抹防蚊油，或者使用驱蚊药。

地震时房屋倒塌，地面裂缝，山体坍塌，江河污染等原因造成的人员外伤，易引起破伤风、钩端螺旋体病和经土壤传播的疾病发生。灾区民众应注意，破损的伤口不要与土壤直接接触。如果条件允许，各种原因引起皮肤外伤人员，应及时注射破伤风疫苗，对伤口进行清创缝合，给予有效的抗炎对症治疗，病情严重者应立即送往医院救治。

095. 震后为何要注意消灭和防范蚊蝇？

夏季发生地震后，易出现蚊蝇。而蚊蝇是乙型脑炎、痢疾等传染病的传播者。震区人员要特别注意防蚊蝇。

在灾区，要大面积喷洒灭蚊蝇药物，既可以利用汽车在街道上喷药，也可以用喷雾器在室内喷药，不给蚊蝇留下滋生的场所。

对面积较大的居民点，坍塌的建筑物，厕所，粪堆，污水坑，垃圾堆以及挖掘、掩埋尸体现场等处进行喷雾，居民简易防震棚内、外都要喷到。对分散的居民点室内和面积较小、道路窄狭的地点，以及山坡、滩头等机动车辆难以到达的地方，可用手动压缩式喷雾器、静电喷雾器以及小型手提喷雾器。

多种杀虫剂混合使用或交叉使用，以防止蚊蝇产生耐药性，降低杀灭效果。

要清扫卫生死角，疏通下水道，喷洒消毒杀虫药水，消除蚊虫滋生地，降低蚊虫密度，切断疾病传播途径。

要做好个人防护，避免被蚊虫叮咬。夜间睡觉时挂蚊帐，露宿或夜间野外劳动时，暴露的皮肤应涂抹防蚊油，或者使用驱蚊药。如果出现发高热、头痛、呕吐、脖子发硬等情况，要及时找医生诊治。

096. 震后如何预防肠道传染病？

预防肠道传染病最关键的，就是要注意饮食卫生：不喝生水；饭前便后洗手；不吃腐败变质或受潮霉变的食品，不吃死亡的禽畜；不用脏水漱口或洗瓜果蔬菜；碗筷应煮沸或用消毒剂消毒，刀、砧板、抹布也应严格消毒；生熟食品应该分开存放；水产品要煮熟煮透再吃。

注意环境卫生，消灭蚊蝇。不随地大小便，粪坑中加药杀蛆；动物尸体要深埋，有条件的可加放生石灰消毒，土层要夯实。要及时消除垃圾、污物，环境要消毒，管理好粪便、垃圾。

097. 如何储存和使用地震应急食物？

至少储备 3 天的食物；不需要购买脱水食物，可以购买一些罐装食品。将食品储存在干燥、阴凉的地方，最佳保存温度 5 ~ 16℃。不要将食物乱堆放，以免食物因储存温度较高变质。避免食物与汽油、农药、杀虫剂、颜料等接触。另外，将食物放在密闭的纸箱等中，防止鼠类和昆虫类动物叮咬或破坏。主要标注食品的储存时间和有效期，及时更换。

在食用应急食品时，先食用容易变质或需要冷冻的食品；不能食用在室温下放置 2 小时以上的食物，不要食用任何变质、变味的食物；罐装食品出现漏缝或罐体出现膨胀时不能食用。

尽量找到可用的烹饪用具及餐具，包括刀、叉、纸碟、纸杯、纸碗、开瓶器、铁炉，尽量食用煮熟的食物。

098. 震后如何注意饮食的安全？

震后一定要特别注意饮食的安全，做好以下三个方面。

灾区不能吃的食品：被水浸泡的食品，除了密封完好的罐头类食品外都不能食用；已死亡的畜禽、水产品；压在地下已腐烂的蔬菜、水果；来源不明的、无明确食品标志的食品；严重发霉（发霉率在 30% 以上）的大米、小麦、玉米、花生等；不能辨认的蘑菇及其他霉变食品；加工后常温下放置 4 小时的熟食等。

正确加工食品。粮食等食品原料要在干燥、通风处保存，避免受到虫、鼠侵害和受潮发霉，必要时进行晒干；霉变较轻（发霉率低于 30%）的粮食，可采用风扇吹、清水或泥浆水漂浮等方法去除霉粒，然后反复用清水搓洗，或用 5% 石灰水浸泡霉变粮食 24 小时，使霉变率降到 4% 左右再食用。

保护水源，特别是生活饮用水水源，使其免受污染。选择合格的水源并加以保护，首选井水，水井应修井台、井栏、井盖，井周围 30 米内禁设有厕所、猪圈以及其他可能污染地下水的设施，打水应备有专用的取水桶；其次，选择没有被污染的山泉、小溪和上游水，并划定范围，严禁在此区域内排放粪便、倾倒污水垃圾等；最后，可根据实际情况选接自来水供水管线、打手压泵小口井等，集中式的饮用水水源必须由专人管护。饮用水要经过澄清、过滤、消毒等处理后方可饮用，可以用漂白粉或漂白粉精片（净水片）消毒生活饮用水。

099. 震后如何预防人畜共患病和自然疫源性疾病？

震后要加强人间和畜间疫情监测，及时与畜牧兽医部门互通信息，以便有效处置首发疫情，严防鼠疫、流行性出血热、炭疽等疾病的发生或流行。

大力开展防鼠、灭鼠和杀虫、灭蚊为主的环境整治活动，降低蚊、虫、鼠等传播媒介的密度；

要管好家禽家畜，猪、狗、鸡应圈养，不让其粪便污染环境及水源，猪、鸡粪发酵后再施用，死禽死畜要消毒后深埋；

管好粪便，禁止随地大小便，病人的粪尿要经石灰或漂白粉消毒后集中处理；

临时居所和救灾帐篷要搭建在地势较高、干燥向阳的地带，在周围挖防鼠沟，要保持一定的坡度，以利于排水和保持地面干燥。床铺应距离地面 2 尺以上，不要睡地铺，减少人与鼠、蚊等的接触机会；做好鼠疫疫苗、出血热疫苗和有关药物的储备，以便应急使用。

100. 震后的恶劣生活条件下如何尽量保持个人卫生?

在任何情况下,清洁都是预防感染和疾病的重要因素。在生存困境中,那就更加重要了。恶劣的卫生条件会降低一个人生存的机会。

要特别注意脚、腋窝、裆部、手和头发,因为这些地方是感染的主要部位。手上的细菌可能会污染食物,感染伤口。在接触了任何可能携带细菌的物体、上完厕所之后、照顾病患者之后,接触任何食物、食物器具前,或者喝水前,一定要记住洗净双手。保持指甲清洁,不要把手指放入嘴里。

如果水很紧张,那就洗"空气浴"。根据实际情况,尽可能多地脱掉衣服,让身体暴露于阳光和空气中至少 1 小时。注意不要被阳光灼伤。